我的第一本财商启智书

——富孩子的赢配方

顾勇/著　邝野　文墨/绘图

SPM

南方出版传媒

广东经济出版社

图书在版编目（CIP）数据

我的第一本财商启智书—富孩子的赢配方/ 顾勇著. —广州：广东经济出版社，2014. 7
ISBN 978 - 7 - 5454 - 3431 - 6

Ⅰ. ①我… Ⅱ. ①顾… Ⅲ. ①财务管理—儿童读物 Ⅳ. ①TS976. 15—49

中国版本图书馆 CIP 数据核字(2014)第 120850 号

出版发行	广东经济出版社(广州市环市东路水荫路 11 号 11 ~ 12 楼)
经销	全国新华书店
印刷	广州佳达彩印有限公司
	(广州市黄埔区茅岗环村路 238 号)
开本	787 毫米 × 1092 毫米 1/16
印张	7. 75 1 插页
字数	825 00 字
版次	2014 年 7 月第 1 版
印次	2014 年 7 月第 1 次
书号	ISBN 978 - 7 - 5454 - 3431 - 6
定价	28. 00 元

如发现印装质量问题，影响阅读，请与承印厂联系调换。
发行部地址：广州市环市东路水荫路 11 号 11 楼
电话：(020) 38306055 38306107 邮政编码：510075
邮购地址：广州市环市东路水荫路 11 号 11 楼
电话：(020) 37601950 营销网址：**http://www. gebook. com**
广东经济出版社新浪官方微博：**http://e. weibo. com/gebook**
广东经济出版社常年法律顾问：何剑桥律师

给未来的富翁一把金钥匙

很小的时候，我希望有一个“聚宝盆”，当我想要什么东西时，打开“聚宝盆”就能从里面取出来。渐渐长大后，开始明白世上并没有“聚宝盆”这样一件东西，如果我们想要什么东西，必须自己去创造和用金钱来交换。这时，我就想：如果能找到一本“秘笈”告诉我怎样赚钱该有多好！

世界上很多人都和我一样，在找那一本赚钱的“秘笈”，想找到一把开启财富之门的金钥匙，可是找来找去却找不到，于是我们就想向富翁“取经”，听听他们有什么“秘决”。华人首富李嘉诚在谈到自己的成功时说，“由于上天的眷顾，给了我很好的机会和运气”；世界首富比尔·盖茨在没有创办微软公司就宣称，“即使把我扔到沙漠里，只要让一只商队经过，我就能很快让自己成为富翁”。同样是富翁，为什么对于赚钱他们有完全不同的看法?其实，他们对于赚钱并没有不同的看法，只是强调了赚钱的不同侧面：李嘉诚强调的是要有赚钱的机会，比尔·盖茨强调的是要有赚钱的能力。对于赚钱而言，机会和能力是不可或缺的因素。

机会对人人都是平等的，为什么只有富人抓住了赚钱的机会呢？因为他们对赚钱的机会比其他人敏感，同时有着赚钱的素质。对财富的敏感和赚钱的素养人们合称为“财商”。李嘉诚发现了经过他身边的每一个赚钱的机会，而比尔·盖茨让并不是最出色的电脑软件取得了最大的商业成功，他们都是具有非常出色的“财商”的人。

对于赚钱而言，世上并没有所谓的“秘笈”，有的是一些公开的原理、一些公认的道德、一些通行的方法，它需要的是遵守和坚持，更需要对于财富的敏感和智慧，这就是“财商”，“财商”也就是开启财富之门的金钥匙。

“财商”是与生俱来的吗？是为那些富翁所独有的吗？绝对不是！

序言

每个人都有赚钱的天赋，只要加以适当的培养，每个人都能形成对金钱的敏感和拥有赚钱的能力。对于有生意头脑的人来说，赚钱是一件很容易的事情，似乎他们天生就有很强的赚钱能力，其实，赚钱的能力是培养出来的。如果说人的智力更多的是天赋，所谓“三分人事七分天”，也就是后天的教育只起到了三分之一的作用，那么人的财商则是“七分人事三分天”，更多的是靠训练和培养，很多家族企业为了培养后代继承事业，都会从小就让他们从事商业活动，以期潜移默化，逐渐培养和提升财商。

《富孩子的赢配方》是专门为中国孩子写的财商教育书，是中国孩子打开财富之门的金钥匙！本书所讲述的，是培养财商的一些基本原理和通用的方法。通过本书，您会发现，富翁是需要从小就开始培养的，也是可以培养的。本书以一个儿童幻想故事为载体，把财商教育融入到小主人公与宇宙中某星球上的小公主的一段传奇经历中，富于想象力和趣味性，非常符合儿童心理与阅读习惯，能够寓教于乐，在开发孩子财商、教会他赚钱的同时，还能激发其爱心、同情心和感恩心，学会在生活中适时抓住机遇。读懂了本书的孩子，提高的不仅仅是财商，还有智商、情商和社会适应能力，他将亲手为自己缔造一个幸福快乐的生活空间！

拥有财商不是万能的，但是缺少财商，即使你给了孩子一座金山，他收获的也将是贫穷。授人以鱼不如授人以渔，与其给孩子财富，不如给孩子财商。

每一个未来的富翁在今天都是孩子，但只有少数的孩子才能成为未来的富翁，他们会是谁呢？机会对于所有的孩子来说都是平等的，而哪一个孩子才能抓住机会呢？

当财富来到你面前时，你准备好了那把金钥匙吗？

亲爱的小富翁，现在就行动，开始阅读本书吧！

张少妮

2007年5月24日

（作者系资深理财顾问，现供职于广东发展银行）

目录

第一章 吃硬币的小猪扑满

第二章 鑫鑫与钱做游戏

目录

第三章 漂亮的姐妹花吵架了

第四章 鑫鑫开始赚钱了

目录

第五章 鑫鑫有了自己的零花钱

第六章 鑫鑫开始学财务知识

目录

第七章 鑫鑫成了同学们的偶像

第八章 天下没有不散的宴席

第一章 吃硬币的小猪扑满

一、会说话的存钱罐

微风轻拂着树梢，斑驳的光影洒在鑫鑫满是汗水的小脸上。鑫鑫懊丧极了，当她抱着小猪扑满走得筋疲力尽，不得不坐在路边的石头上休息的时候，不由得对自己的做法后悔起来。当然，她后悔的并不是坐下来休息，而是擅自将妈妈给的十元钱买了小猪储蓄罐。

这十元钱是妈妈给鑫鑫到学校买新课本的。昨晚妈妈加班，很晚才回来。

今天她早上起床时已经要迟到了，她一边急急忙忙地往脸上一层层地涂抹着，一边找出钱来让鑫鑫自己去交给老师。鑫鑫的课本前些天被她弄丢了，为这事儿，妈妈数落了她好几天，弄得她现在一听到“课本”两个字心里就害怕。其实，她对课本根本没有什么反感，要不是老师天天提醒，或许妈妈不会生

这么大的气。这样一来，她不仅讨厌课本，甚至有些讨厌上学了。妈妈本想亲自到学校去买的，可是今天她太忙了。要知道，以前妈妈可是从来不给鑫鑫钱的，所以拿着钱，鑫鑫有点儿兴奋，觉得自己一下子成了大富翁。哈哈，当富翁的感觉真的挺不错呢。

不过，这种美妙的感觉并没有持续多久，因为……因为鑫鑫在学校门口的商店橱窗里看到一个漂亮的小猪储蓄罐。今天，妈妈把她送到学校大门口，匆匆忙忙地离开后，鑫鑫就发现了它，似乎看到它在对自己眨眼睛，于是她就神使鬼差地进了商店。这是一只多漂亮的小猪呀，金黄色的身体，长长的睫毛，头上系着粉红的蝴蝶结！接下来发生的事情非常令人吃惊，就像你看到的，现在，鑫鑫怀里抱着它了，还给它起了名字叫“扑满”，可是，她的口袋里只有一枚硬币了！

鑫鑫休息了一会儿，感觉肚子有些难受。如果在学校，现在或许会有午餐送来了吧。这时候，她忽然听到有个声音从自己怀里传来：“我饿！我饿！”这下可把她吓了一跳，难道是自己的肚子在叫吗？它以前可从不这么提醒自己的！鑫鑫下意识地低下头，那个细小的声音又传来：“我要吃硬币，我要吃硬币！”

天呀，竟是小猪扑满！它眨着蓝色的眼睛，看上去楚楚可怜！“可是，它怎么知道我口袋里有硬币呢？”鑫鑫虽然很疑惑，但看着小扑满那可怜巴巴的样子，感到它也饿得像自己一样难受了，就不由自主地从口袋里掏出那枚硬币，迟疑着送到小猪的嘴巴前，心里想，“我也饿了，如果我也能吃一枚硬币多好呀，不过，妈妈可从来没有给我吃过这玩艺儿。”

就这样，鑫鑫口袋里唯一的一枚硬币被这可爱的小猪吃掉了，它根本就没有嚼，直接就咽下去了，鑫鑫还在担心它会不会消化不了，就听它又叫了起来，“我饿！我要吃硬币！”这可是个麻烦事了，鑫鑫的口袋里再也找不出一枚硬币了。看着小女孩儿目瞪口呆的样子，小扑满又大声说：“难道你要饿死我吗？”接着，它哭了起来，一滴滴的泪水顺着长长的睫毛滴在鑫鑫的衣服上，“我必须吃硬币，要不我会饿死的……你现在是我的主人，你得养活我！……你现在去赚钱吧，我们需要钱……”

赚钱？鑫鑫总是听妈妈说，她得赚钱养活她们两个！可是妈妈从来没有和鑫鑫说过关于钱

的事儿，更没提到她是怎么赚钱的。对鑫鑫来说，钱这个东西太陌生了。当那个店老板问鑫鑫是不是想要小猪储蓄罐的时候，可爱的小女孩儿就点了点头，于是老板就把她手里的钱拿走了。这可是她第一次花钱啊。不过，妈妈如果知道她竟然没买新课本，或许会气得发疯，就像上课时老师发现她依然没有课本那样。所以，为了不让妈妈为这事儿生气，午间休息时她带着小猪离开了学校。也许，只要看不到她，妈妈和老师就会忘记课本的事儿。

不过，鑫鑫现在真的感觉自己需要钱了，因为她需要课本，她可不想让妈妈为这事儿唠唠叨叨好多天。如果有可能，她还需要一双新鞋子，因为与她坐在一起的妮妮今天还故意踩了她好几脚，只不过是因为她穿了新鞋子。然而现在，鑫鑫最想的是能弄到些吃的，因为她实在太饿了，她知道，没有钱，是不会有人给她食物的。

生平第一次，鑫鑫产生了要赚钱的想法！

二、懂得钱是怎么回事

此时，如果有人经过这里，肯定会非常惊讶：一个身穿水粉色连衣裙的黑发小女孩儿坐在路边，对着怀里的一只金色的小猪储蓄罐发呆。其实，此时鑫鑫的小脑袋里正刮着一场从未有过的风暴！

“你想赚钱了，是么？这很好，说明你已经初步具有金钱意识了。这样我们就不会挨饿了！其实，三岁大的孩子就应该具有最基本的财商意识了，如果一个像你这样大的孩子居然还不懂得钱是怎么回事，那么大家就会嘲笑他是地球人的！”

小猪扑满叽叽喳喳地说着。鑫鑫听得莫名其妙，她本想问:你怎么知道我在想什么？可接下来又听到了一些完全陌生的名词:什么金钱意识、财商，还有什么地球人。她觉得小猪扑满说的这些都太奇怪了！不过，如果你怀里也有一只这么漂亮的小猪，如果你的小猪也会说话，那么，你还会那么在意它说什么吗？

这样一来，鑫鑫根本不知道先问什么好了，于是说:“在学校，我的同学都和我差不多大，可我们都不知道钱，啊不，我们认识钱，知道钱可以买东西，但是我不知道这叫不叫‘懂得钱是怎么回事’。平时，学校要收钱的时候，老师就把写好的字条让我们带回家去，妈妈看了就明白了，第二天她送我上学时，会亲手把钱交给老师的——还有，我不明白，你说的财……商……是什么意思！”

“财商么，按你们地球人的说法，也就是指一个人在财务方面的智力，是理财的智慧。地球上有种文字叫英文，财商的英文是Financial.Q，所以有很多人就叫它F.Q。”小扑满忽闪着长长的睫毛，眨着美丽的蓝眼睛说。

“可是，我又怎么知道什么是理财呢？我只懂得理发，在开学的前一天晚上，妈妈就逼着我去理发，结果我长长的辫子被剪掉了，连蝴蝶结也不能系了……”想起了自己曾经非常漂亮的长辫子，鑫鑫不由得嘟起了小嘴儿，目光也不由自主地落在了扑满的粉红色蝴蝶结上。她差点忘了自己提的是什么问题了。

“理财，嗯，怎么说呢，理财就是管理自己的钱啊！管理钱财你也不懂么？那么这样和你说吧，理财其实就是通过一些方法赚钱、省钱，然后……花钱！就这么简单。”

“噢，是这样啊，可是我没有钱……”鑫鑫感觉有点害羞，一只小猪能懂得这么多东西，自己反倒更像只白痴小猪了！而且最丢人的是，自己根本没有财，怎么可能去理财呢。想到这儿，她忽然明白了，“啊，我知道了，那么，你说的财……什么……是不是就是钱啊？”

“哈哈，你真聪明，说得对极了，‘财’在大多数时候就是指钱，有时也指与钱有关的东西和活动。”小扑满很认真地说。

“活动？”鑫鑫一下子兴奋起来，她在学校里就有活动课，每节活动课老师都带她们做各种各样的游戏，而且根本不用看课本，这可是她最喜欢的课了。

“与钱有关的活动？

是不是和钱做游戏？和钱做游戏好玩么？你会玩么，我们一起玩好不好？”

“噢，天啊，我没有想到你居然会这么聪明，居然一下子就说出了理财的根本！理财其实就是和钱在做游戏，这个游戏能让你空空的口袋里开始有钱，能让你花最少的钱就能得到你最想要的东西，还能让你原来那点儿可怜的钱变得越来越多。这个过程就是理财，理财的智慧就是财商！——我真看不出来，一个地球上的小女孩儿居然能这么聪明！看来，你的智商还真不低呢！”小扑满用一种由衷的口吻称赞着鑫鑫。

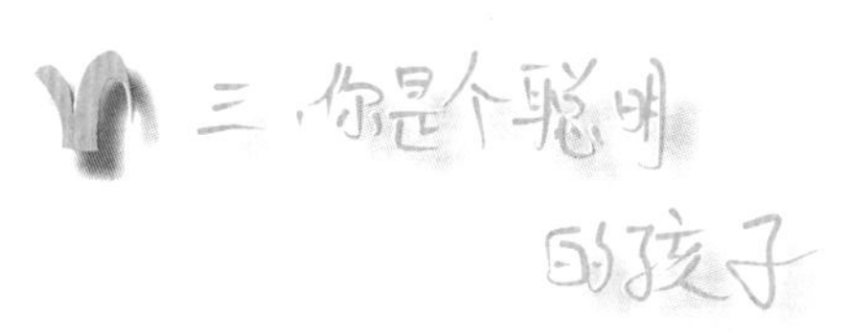

如果你也曾“幸运”地得到过一只小猪的夸奖，而且是夸你的智商还真不低，真想知道你当时是什么感受！而，鑫鑫当时真是有些受宠若惊了，她有些惊讶地看着小猪，迟疑地问:“你真是这样认为的吗？你认为我的……智商还不是太低？”

小猪肯定地点着头。

鑫鑫有些不好意思地说:“我的妈妈和老师好像不是这么

认为的。妈妈除了抱怨我太小，什么也帮不上她，就是忙得根本没时间理我；而老师肯定不这么想，因为我的学习成绩并不太好。老师说过:如果现在不好好学习，将来就考不上重点大学，进不了重点大学就根本不可能找到好工作，将来一点前途都没有的。”

“真的？他们真的这么认为？难道他们就是为了找一份好工作而忙碌的？那么……我倒很想知道，他们说的前途指的是什么？”

看着小扑满那副惊讶的样子，鑫鑫更加害羞了，她脸红红地说:“其实，我也说不清楚。妈妈总是说，如果她小时候能好好学习，就不会像现在这样，工作这么辛苦，赚的钱却总不够用！我想，我的老师小时候学习一定很好，要不，她怎么能做老师呢？可是，我感觉她也不快乐，因为我听她和我妈妈说过，每个月的房子贷款，弄得她总是很狼狈！”“哈哈哈，这就对了嘛。我相信你的老师智商很高，但是她犯了一个错误，那就是高智商并不能代表高财商。我认为她所谓的好前途就是有个能赚很多钱的工作，让她舒心地生活。可是，既然现在他总是被钱弄得焦头烂额，那就证明，她应该在提高财商方面下点儿工夫了！”小扑满越说越起劲儿，它索性一翻身跳到了地上，随即将一条前腿缩在身体下面，只用三条腿支撑着胖乎乎的身体，说:“其实，智商和财商就像人的两条腿，如果这个人的一条腿比另一条腿短很多，他还能安安稳稳地走路，那就

是天大的怪事了！”说着，小扑满还故意将身体晃了几晃，吓得鑫鑫急忙用手去扶它。见此情景，这个调皮的小家伙马上放下那条腿，站得稳稳的。

这样一来，鑫鑫放心了，她有些怯生生地问：“可是，那怎样才能让财商和智商……的腿……一样长呢？”

“这很容易呀，只要从小培养就行了。有很多爸爸妈妈在宝宝刚刚出生时，就给他们听音乐；宝宝刚刚开始说话，就给他们读儿歌，教他们背诗。这都是在培养孩子的智商。至于财商嘛，却常常被他们忽视。其实，我爸爸说过，地球上的小孩子都很聪明，他们三岁大的时候，就能理解很多东西了，这个时候，他们的接受能力和理解能力，就像肥沃的土壤，如果适时地种下一颗财商的种子，肯定会让他们长成一个大富翁！”

“我也要当大富翁！”——鑫鑫兴奋地叫了起来，可是刚叫了一声，她又停下了，“那我现在都快九岁了，是不是已经晚了？”她目光热切地看着小扑满，期待着它的回答。

“不，当然不，只要有了这种意识，什么时候都不晚。只是，现在我感觉好饿，我从来没有这么饿过——我们能不能再找出点儿东西来吃呢，比如，一枚硬币什么的？”

小扑满的这个要求，将鑫鑫又带回了现实，她一下子感觉到自己也饿得受不了了。怎么办？这时，她想起了每天中午学校里的午餐，不由自主地咽了咽口水，肚子也不争气地“咕咕”叫了几声，这让她脸红了起来，她抬起头，求助地望着这个神奇的小猪。

“既然你的学校里有午餐，我们就先回你的学校吧，至少要先把你的肚子填饱呀，饿着肚子虽然有赚钱的动力，却没有赚钱的精力！——你不这样觉得吗？”

扑满真是个未卜先知的小猪，不管鑫鑫想什么，它都能准确地知道！在这种情况下，鑫鑫觉得小扑满的主意是最好的了，她可想不出其他更好的方法来。没过多久，她就抱着自己的宠物回到了学校。她虽然因为擅自离校挨了老师的批评，但吃饭问题马上就迎刃而解了。

四、鑫鑫得到三枚硬币

一天的课很快就上完了，晚上放学妈妈来接鑫鑫的时候，老师讲了鑫鑫中午擅自离开校园的事。鑫鑫有点胆怯地说了原因，还让妈妈看了小猪储蓄罐，但她可没说出小猪会说话的事。妈妈显然生气极了，她大声地批评鑫鑫不应该随便跑出学校，让老师担心，责问鑫鑫要是出什么事，或是走丢了怎么办。随后又拿出钱来给老师，帮鑫鑫买了课本，还不停地向老师道谢。这一回，老师居然找给妈妈三枚硬币。妈妈拿着硬币，用那双好看的眼睛

狠狠地瞪了鑫鑫一眼。听着妈妈的批评，鑫鑫有些难过，可是当她看到硬币后，一双大眼睛顿时亮了起来，小扑满可一直饿着肚子呢！她看了看小扑满，在她想象中，看见硬币的小扑满会比她兴奋得多。可是，让她意外的是，小扑满或许是睡着了，或许根本就没看见。它看上去毫无生气，和中午那神采飞扬的样子简直判若两“猪”。

这可把鑫鑫吓坏了，难道小扑满饿死了吗？她的眼泪一下子涌上来，不由得把扑满紧紧地抱在怀里，眼泪一滴滴地落在小扑满身上。

老师是个心地善良的女人，看到鑫鑫哭了，她一边掏出手帕蹲下来给鑫鑫擦眼泪，一边柔声柔气地说:“好鑫鑫，不要哭，你得明白，老师和妈妈都很爱你，随便离开校园很不安全，无论出了什么事，老师和妈妈都会很难过。再说，就算不会出别的事，你要是找不到回来的路，饿着肚子得多难受呀！”

老师的手帕很柔软，有一股淡淡的香味，轻轻地擦在脸上，感觉很舒服。鑫鑫止住了眼泪，温顺地对老师点着头。可是当听到老师的最后一句“饿着肚子得多难受呀”时，她一下子又想起怀里的小扑满！竟然“哇”的一声哭了出来。

这一来，老师倒有些手足无措了，她没想到自己的安慰居然起了这么大的反作用，她有点儿不好意思地抬头看了看鑫鑫的妈妈。妈妈对老师安慰地笑了笑，说：“好了，乖孩子，别哭了，是不是知道自己错了？说说你是怎么想的。”

听了妈妈的话，鑫鑫一边大声抽泣着，一边说了一句话，差点儿没让满怀期待的老师和妈妈当场晕过去！她说：“我……要……硬币！”

这真是一句石破天惊的话！鑫鑫感觉老师的手帕在自己的脸上顿住了，然后她看见老师站起身，脸色难看极了。而妈妈的脸红一阵白一阵，她下意识地把手上的三枚硬币都递给了鑫鑫，却尴尬得不知道说什么好。

在老师眼中，这个学习不好的孩子真是一点前途也没有了；而在妈妈眼中，小猪不过是个非常普通的存钱罐罢了，鑫鑫真是太任性了，以后一定得抽时间好好教育她！

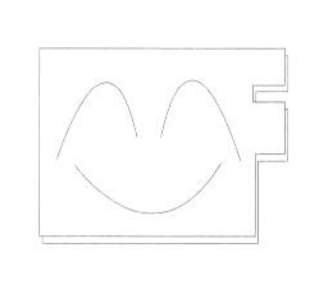

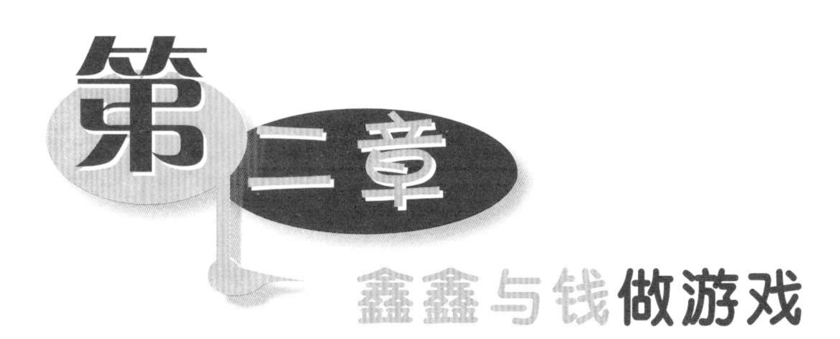

第二章 鑫鑫与钱做游戏

一、小猪扑满大变身

这天晚上，一直唠唠叨叨的妈妈终于回她的房间睡下了，鑫鑫也伤心地躺在了自己的小床上。可她怎么也睡不着，因为，小扑满就放在她床头的小桌子上，旁边摆着那三枚硬币，可是，它已经死了。

白天，妈妈给了鑫鑫硬币后，鑫鑫马上就把硬币送到小扑满嘴边，期待着它能像上次一样嚼也不嚼地吞到肚子里去。然而，期待的结果是令她失望的。回到家后，她重复了N次这个动作，但每一次都只能证明，她的神奇的小扑满已经饿死了。

鑫鑫眼泪汪汪地躺在床上，她又想起了小扑满的话：“你现在是我的主人，你得养活我……你现在去赚钱吧……”而且，仿佛还能听到它“我要吃硬币，我要吃硬币”的叫声，这声音是如此的清晰，让她心里

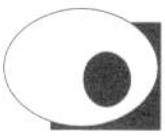

难过极了。

忽然，鑫鑫觉得有些不对劲儿，因为她看见……

天呀，她看见小扑满的身体逐渐透明起来，笼罩在一团金黄色的柔光中。哪来的光？这是怎么回事？鑫鑫惊讶得像被孙悟空使了定身法，动也不会动了。然而，更神奇的事还在后面:只见小扑满伸了个懒腰，咧开嘴巴对着鑫鑫笑了！

鑫鑫又惊又喜，两只眼睛闪着兴奋的光芒，她一咕噜爬起来，伸手抓起那三枚硬币，一边送到小扑满的嘴边，一边叫着:“快吃，快吃硬币。”

小扑满“咯咯”地笑了起来，笑声又清又脆，就和鑫鑫的笑声一样好听。转眼间，鑫鑫手中的一枚黄色的小硬币就不见了，只听“当”的一声脆响，鑫鑫把目光投到了声音传来的地方，透过小扑满透明的肚子，她看到那枚硬币就躺在一枚白色的大硬币旁边！“咦，这两枚硬币的大小和颜色怎么不一样呢？”鑫鑫感觉很奇怪。她忙低下头看手心里的两枚，呀，这两枚也不一样，而且，好像和被吃掉的那两个都不同。真是太奇怪了。于是，她又抬起头来仔细地看着小扑满肚子里的硬币。

“不要盯着人家肚子看嘛，多羞呀！”小扑满害羞地叫起来。它身上的光芒慢慢收敛不见了。随着光芒的消失，鑫鑫发现小扑满不见了！小屋里顿时一片黑暗，鑫鑫静静地坐着，她不知道发生了什么事，但是，她相信，会有奇迹出现！

渐渐地，小屋里又亮了起来，鑫鑫惊愕地张大了嘴巴:随

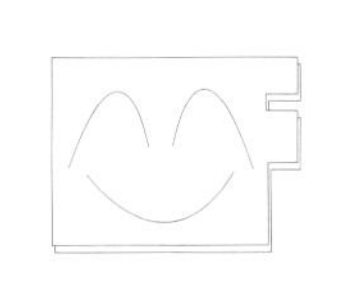

着光芒的再现，出现在她眼前的并不是可爱的小扑满，而是……她自己！如果这个时候，鑫鑫的妈妈来到小屋里，她一定会尖叫一声，当场晕过去，因为，在她可爱的女儿的小床上，坐着两个一模一样的鑫鑫，唯一不同的是，其中一个满脸调皮的笑，而另一个却惊愕地张大了嘴！

这时，调皮地笑着的“鑫鑫”看着目瞪口呆的鑫鑫那副呆愣愣的样子，更是笑得直不起腰来。她边笑边说：“认不出我了么，我是你的小宠物——扑满呀。哈哈哈，你这个样子，太像地球人了！”天呀，她说话的声音竟然也与鑫鑫完全一样！鑫鑫的眼珠瞪得快要从眼眶里掉出来了！

“你不是曾经很惊讶，我为什么能知道你想什么吗？实话告诉你，我来自金星，是金星之王的小女儿，名叫菲娅。在我过八岁生日的时候，爸爸送给我一艘飞船——你们地球人叫它UFO——并给了我一天的假期，我可以随便在宇宙中的任何地方玩一天——我们金星上一年只有225天，可金星上的一天，就等于你们地球上的243天呢！别看我才八岁，如果按地球上的时间计算，我已经1900多岁了！哈哈，你见过一千多岁的小女孩吗？”菲娅顽皮地冲着鑫鑫做着鬼脸。“而且，如果按知识面来算，我的学识要比地球上的任何一个成年人都多上几倍！你别吃惊，这一点你以后会慢慢发现的。咱们还是言归正传吧。

就这样，我坐着飞船四处逛，结果无意中来到了地球！我吓着你了吗？对不起……”

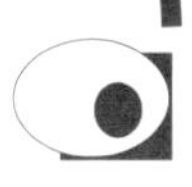

菲娅说最后这句话，是因为她看到鑫鑫惊讶得嘴巴越张越大，那样子，仿佛能把她整个吃下去。

鑫鑫这才缓过神来，她不好意思地笑了笑，说："那，菲……娅，你还是不是一只小猪呢？"

"当然不是，我会变身的。你们地球人把这种本事叫做超能力，其实，这不过是宇宙中很多星球上的人的本能而已。我可以变成小猪，可是刚才，你盯着人家的肚子看，人家不好意思了，就变成你的样子了。"菲娅害羞得脸都红了。

"我刚刚不是看你的肚子，是在看硬币，我很奇怪，为什么这几枚硬币不一样大，也不是一个颜色！"鑫鑫诚恳地解释道。

"是这样呀，那这样好了，我们来和硬币做游戏怎么样？"说着，菲娅张开了右手，手心里赫然摆着被吃掉的几枚硬币。"不过，如果你想玩得开心些，就得一切都听我的，无论发生什么事情都不要害怕！"

二、UFO旅行之抛币游戏

游戏开始了。菲娅将手里的一枚硬币向空中一抛，那枚小小的硬币竟越变越大，像一个浅浅的碟子一样，在空中无声

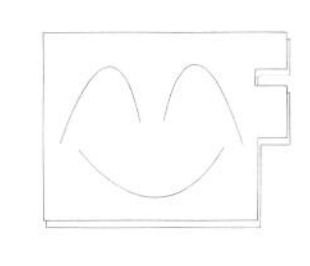

地转着，整个小屋笼罩在淡黄色的柔光中。

鑫鑫像在梦中一样，感觉身体轻飘飘的，被菲娅拉着飞了起来。转眼间，她们就飞进了那个会发光的浅碟子——菲娅的UFO。

鑫鑫只觉得身子微微一动，忽然发现自己变小了，变回了三岁大的样子。而菲娅也不见了，眼前，是她的幼儿园。教室里没有桌子，也没有椅子，她和许多小朋友坐在漂亮的地板上，面前放着好多枚硬币，有黄色的，也有白色的；有大的，也有小的。鑫鑫伸出小手指捏起一枚黄色的硬币，稚气地问："老师，这是什么？"

老师耐心地说："这是钱啊！你们的爸爸妈妈每天上班，为国家的工厂或是一些公司的老板工作，作为劳动的回报，他们就会得到钱，然后他们就可以用它买来好吃的东西！其实世界上每个国家都有自己的钱——货币，我们中国的钱叫人民币，有纸币，也有硬币。现在，我们来玩个抛硬币的游戏吧。"

老师把小朋友们每四个人分成一组抛硬币，每个人都可以抛10次。接下来，屋子里到处都是小朋友们的叫声、笑声，和硬币落下来的清脆的响声。

鑫鑫和另一个女孩儿、两个男孩儿一组。那个女孩儿拿起一枚大硬币先抛。第一次，鑫鑫和两个小男孩儿都猜落下后可能是正面，也就是有"1"的那一面朝上。硬币落下后，竟然真的是正面

朝上。哈哈！猜对了，鑫鑫开心地笑了起来。第二次，那个女孩儿调皮地将硬币抛上去，鑫鑫猜的是反面，也就是有“花”的那一面，而那两个小男孩儿都猜是正面。四个孩子的眼睛都紧紧地盯着硬币。硬币落下后，居然还是正面。这一次，鑫鑫输了！接下来，女孩儿又将硬币抛了8次。正面朝上的有4次，反面朝上的有6次。三个小伙伴有时猜对，有时猜错，居然是鑫鑫猜对最多。

下一个，轮到猜对的次数最多的鑫鑫抛了。鑫鑫可聪明了，为了不让小伙伴容易猜出，她换了个黄色的硬币。她抛的这10次，有7次正面朝上，3次反面朝上。后来，另外两个小伙伴也都分别换了不同的硬币，各抛了10次，一人正面朝上2次，反面朝上8次；最后一个小男孩儿居然抛出了9次正面朝上，1次反面朝上。这可是大家都没有想到的，真是太好玩了。

通过有趣的抛硬币游戏，鑫鑫发现所有的硬币落下的情况一共就两种可能:正面朝上或反面朝上。原来，不管是什么硬币，都只有正反两面！这可真是个重大发现。她立即兴奋地举手告诉了老师。老师笑了，等所有小朋友都玩了一遍后，她叫大家都坐好，然后，她拿起了一枚1元硬币。说:

“我发现大家在抛硬币时，都喜欢用这种最大的，大家知道这是多少钱吗？”

小朋友们还处于兴奋状态，立即七嘴八舌地回答着:“不知道。”

“这就是1元钱。它的正面有一个大大的‘1’字，‘1’字的正上方写的是‘中国人民银行’，同学们要记住这几个字！‘1’字的正下方是年份，旁边是一个小小的‘元’字，代表它是1元的硬币；硬币的反面有一朵菊花，它有很多的花瓣，代表着我们国家有56个民族。大家看，鑫鑫手里的那一枚黄色硬币比我拿的要小，它的正面有个大大的‘5’字，‘5’的旁边同样也有个小字，这个字叫做‘角’，这说明它是5角钱。‘5’的正下方有几朵美丽的梅花，它的反面是什么，同学们认识吗？”

“我认识，是国徽。”有个男孩大声喊了起来。老师赞许地对他点了点头，并表扬了他。

随后，老师又给孩子们看了有牡丹花图案的1元硬币和有兰花图案的1角硬币，还有5分币、1分币和2分币。第一次看到这么多硬币，小鑫鑫感觉好玩极了，她和小伙伴们兴奋地把硬币抓在小手里，让这些凉凉的圆金属片从小手指缝里落下去，落在地板上，发出清脆的响声。

这一回，老师让大家要先认出币值，然后用不同币值的硬币猜。孩子们不断地猜着、抛着，真是乐此不疲。有些调皮的小家伙居然抓起一把硬币朝上抛，看着它们天女散花似的落下来，乐得前仰后合的。

鑫鑫特别爱听硬币落下来的声音，她发现最大的1元硬币掉在地板上时，发出的声音就像一小块铁块儿掉进了一个深不见底的大洞里；黄色的五角币掉落的声音就更有趣了，像一个风铃在风中奏起乐曲；5分币掉在地上时，发出的声音就像一枚大头针掉在地上；2分币落下去后，发出的声音就像在轻轻击打三角铁；1分币落下去的声音很细，就像一根绣花针落在了地上，需要仔细听才能听清楚。这些声音交织在一起，就像唱歌一样，动听极了。

三、UFO旅行之拓币游戏

不过，不是谁都像鑫鑫这么聪明的，尤其是一些粗心的男孩子，他们只是随意地玩着，根本没有用心去看硬币的图案，更不会仔细分辨它们落下来时发出的声音。在他们眼里，分、角、元根本没有什么区别，菊花、牡丹、梅花也都差不多。只要能给他们乐趣，那么它们就都是好玩具。

为了让孩子们能认识不同的币值，下一堂课是“画画”课——拓硬币。

老师叫小朋友们把刚才抛着玩的所有硬币都找齐，收了起来，然后，发给小朋友每人一枚硬币，一支彩色铅笔和一张白纸。硬币发下去后，老师让大家先把白纸盖到硬币上，然后用彩色铅笔轻轻地在白纸上盖着硬币的部分来回画，老师一边做示范一边叮嘱：“下笔要轻，笔尖不能竖着向下，而是倾斜得接近于水平，但却不能真正水平。好，大家要不断地重复这个动作，直到把白纸上盖着硬币的部分全都涂满，然后看看我们‘画’出了什么。”

快乐的孩子们开始用小手握着笔，在纸上笨拙地涂抹着。才画了一小会儿，就不断有小插曲出现，有的孩子尖叫着：“呀，老师，我的纸被扎破了！”还有的高喊着：“老师，我的笔尖断了。”老师耐心地应答着。

鑫鑫是个细心的女孩儿，她仔细地用蓝色铅笔涂着，可是，不一会儿，她也尖叫起来，而且，激动得拿着纸直接跑

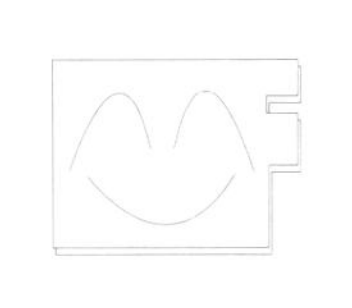

到了老师面前——她的纸上居然出现了一个蓝色的硬币图案，中间的那个大大的“5”和“角”格外清晰！对于小鑫鑫来说，这可真像变魔术一样奇妙！

看到鑫鑫能做得这么好，老师非常高兴，吻了一下她的额头，还在全班同学面前表扬了她。鑫鑫美得连眼睛都笑盈盈的。随后，兴正浓的她又换了一枚硬币重新开始画。

很快，其他小朋友也来展示作品了，他们都对自己‘创作’出来的神奇图案非常惊讶，翻来覆去地欣赏着，并在老师的赞扬和同学们羡慕的眼光中，不停地大声说着自己的新发现，引得其他小朋友常常停下手里的笔，仔细地听。常常是一个孩子讲完自己的发现后，所有的孩子都注意到了这一点，并在自己画的时候，格外留心。比如有个小女孩儿画完1元币和1角币后，忽然惊叫起来:“老师，为什么这两个‘1’后面的字不一样呢？”老师还没有来得及回答，就有一个男孩子大声叫起来:“我知道，我知道，因为大的那个‘1’后面是‘元’字，小的那个‘1’后面是‘角’字，它们不是一种硬币！”听了他们俩这一问一答，所有的小朋友都开始注意“元”字和“角”字了。

“你们两个都很聪明，你的问题发现得真好，这说明你用心了。”老师轻轻地爱抚着这个小女孩儿的头，然后对那个男孩儿说，“你的回答也棒极了，一点儿都不错。我们不仅要画，而且还要找出各种硬币之间有什么不同，然后学会认

识并区分它们。那样才说明我们长大了！现在，小朋友们看看，有没有‘1’字后面不是‘元’和‘角’的硬币呢？”

经老师这一表扬，这两个小朋友都高兴得心花怒放，马上起劲地找了起来。其他小朋友也积极地开始在硬币里翻看着，都希望自己能最先找到老师说的那一样的字。不一会儿，鑫鑫就举着一枚小小的1分币举手了。呵呵，她真是个能干的小姑娘。

就这样，孩子们每画完一种硬币，就开始兴趣盎然地画另一种硬币。通过自己亲自动手画，他们很快就把不同图案、不同面值的硬币分得清清楚楚。这一堂课下来，几乎所有的孩子都认识了硬币。

鑫鑫玩得开心极了，觉得一堂课很快就上完了。随后，她看到老师在对她招手，于是就高兴地跑了过去。老师拉着她的手，带着她飘到了天空，整个教室都飘了起来，飘着飘着，她感觉自己似乎在长大。教室也迅速变成了一只浅浅的碟子，她似乎想起了什么，于是连忙看了看老师，天呀，老师居然变成了笑眯眯的菲娅。

原来，为了让鑫鑫认识硬币，菲娅带着她穿过时光隧道，回到了幼年时期。那么，现在她们要飞到哪里去呢？

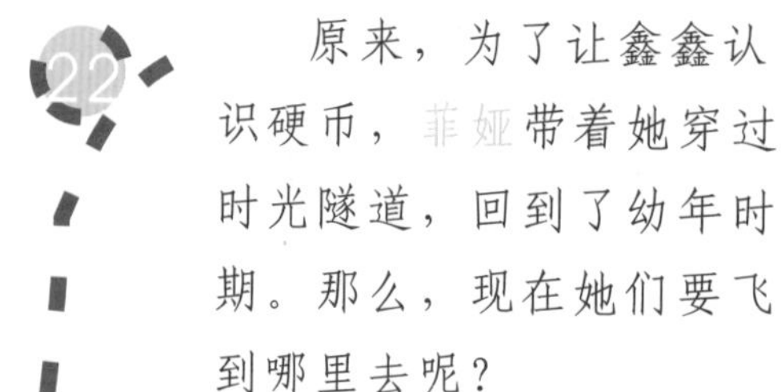

四、UFO旅行之凑钱游戏

鑫鑫很快就和菲娅停止了飘行，她们停在了鑫鑫四岁时的幼稚园里。这一次，菲娅要让鑫鑫玩凑钱游戏——懂得硬币之间的关系。

这一回，菲娅变成了鑫鑫幼儿园大班的老师，她又拿出许多枚硬币，还拿出一个漂亮的小猪玩具，这个小猪可神奇了，它坐在那儿，伸着两只小手，如果你往它的一只小手里放上一枚硬币，它就会向你伸出另一只小手。当你放在两边的币值相等时，它就兴奋地叫起来。

看到这么可爱的小猪，孩子们都跃跃欲试。坐在最前面的一个小男孩抢先把一枚硬币放进小猪的左手里。然后，他又性急地拿起一枚2分币放进小猪的右手里。可是小猪没有发出孩子们期待中的叫声，而是把右手明显抬得比左手高。这是什么意思呢？于是，小男孩儿马上又拿起一枚2分币放进去，小猪依然没有叫，但右手却微微向下沉了一些，但并没有低到左手的高度。啊，明白了，原来，猪儿就像一架天平，它的小手的高度是随着硬币的币值大小而变化的。这时，所有的小朋友们都瞪着眼睛看，一些孩子还大声地叫着："放一个，再放一个。"这个

小男孩马上又拿起一枚2分币放进小猪的右手。只见小猪的右手马上低下去，竟然比左手还低了。看来，是右边的币值比左边的大了。这可怎么办呢？

小男孩不知道怎么办好了，他挠了挠头，看了看老师，又看了看小朋友们。这些小孩子现在可兴奋了，有的叫着“多了，多了，拿一个出来，”有的喊“再往左边放一个”……小男孩听了，想了想，然后从猪儿的右手里拿出一枚2分币，又拿起一枚最小的硬币——1分币放了进去。这一下，猪儿的左右两只手一下抬到了同一个高度——平了，猪儿尖声地叫了起来：“我要吃硬币，我要吃硬币！”这声音来得那么突然，小朋友们一下子都愣了，当明白是小猪发出的叫声后，教室里爆发出一阵欢快的笑声，有的孩子笑得在地板上打起滚来。

等大家笑够了，老师将猪儿左手中的硬币拿出来，请大家说说是多少钱，孩子们看了看，异口同声地说：“是5分钱！”

“那么这些呢？”老师又将猪儿右手里的硬币拿出来，问道。

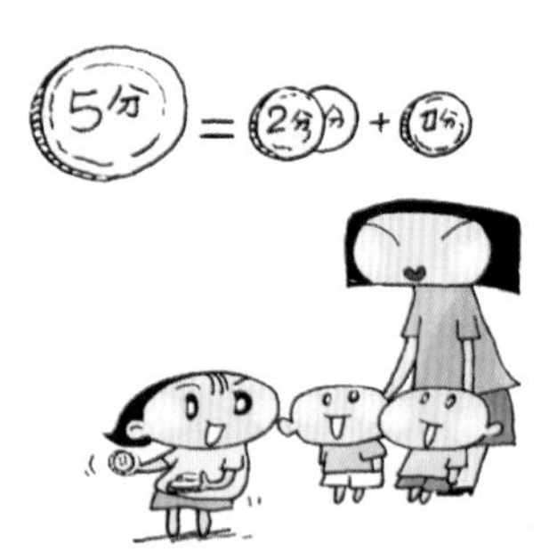

孩子们又开始七嘴八舌地回答。

“既然放上两个2分后，再放上一个1分，就能让小猪的两只手抬得一样高，说明什么呢？”老师在循循善诱。

“说明两边币值一样多，两个2分再加上一个1分，就等于5分！”

“太对了，你们真是太聪明了！”老师鼓励地说。“我们再来继续玩好不好？”

下一个出来玩的孩子是鑫鑫，她很快就用2个5分凑成了

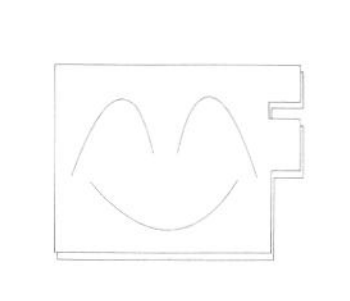

1角，小猪尖利的“我要吃硬币”的声音又引得大家哈哈大笑。在玩的过程中，大家陆续发现了更有趣的事:有的发现2个1分等于1个2分；有的发现两个5分等于1角；有的发现5个1角等于5角；还有的发现两个5角等于1元。他们一直玩得兴致勃勃。有时，为了凑成1元，他们想尽了方法，每想出一种方法，听到小猪那清脆的“我要吃硬币”的叫声，他们都会哄堂大笑，开心得不得了。他们很快就通过这个好玩的游戏掌握了硬币之间的零凑整换算关系。要知道，凭一个四岁孩子的智力，要掌握这样的知识真是太轻松了。

很多天后，鑫鑫都在怀念那次旅行。那一次，在玩过凑硬币游戏后，菲娅又通过时空隧道，将她带回五岁的时候，让她认识了所有不同面值的纸币。原来，大面值的钱，很少做成硬币，因为纸币携带起来更方便。而纸币不仅有和硬币面值相同的分币和角币，还有2元币、5元币、10元币、20元币、50元币和100元币。这些钱的颜色花花绿绿的，上面有着不同的图案，好看极了，能买的东西也比硬币多多了。

从那以后，鑫鑫好像一下子长大了好多，对钱不再感到神秘了。

第三章 漂亮的姐妹花吵架了

一、没有人不劳动就能得到钱

时间过得很快，鑫鑫和菲娅已经相识一个多月了。一天晚上，吃过晚饭后，鑫鑫开始做作业。可是，她今天似乎有什么心事，一副苦恼的样子。妈妈很奇怪地问她发生了什么事，鑫鑫没有回答，而是有些迟疑地问："妈妈，我们很穷吗？"

"我们……你怎么想起问这个问题？"妈妈很惊讶地放下了手里的活儿，她想了想，又说，"我们确实不是富人，老天爷似乎把我们忘了。不过……我的宝贝儿，你不用想什么钱的问题，赚钱是大人的事！小孩子只管读好书，长大有个好工作就行了，等你拿到非常多的薪水时，我们就可以生活得好一点了……"

"您和妮妮说的一样，妈妈。妮妮也说我们是穷人，因为我没有新衣服和新鞋子。我很想知道钱是怎么来的呢，妈妈。为什么妮妮说钱是从她爸爸的钱夹里长出来的？我敢肯定，您的皮夹很少能长这种东西。"鑫鑫索性放下手里的铅

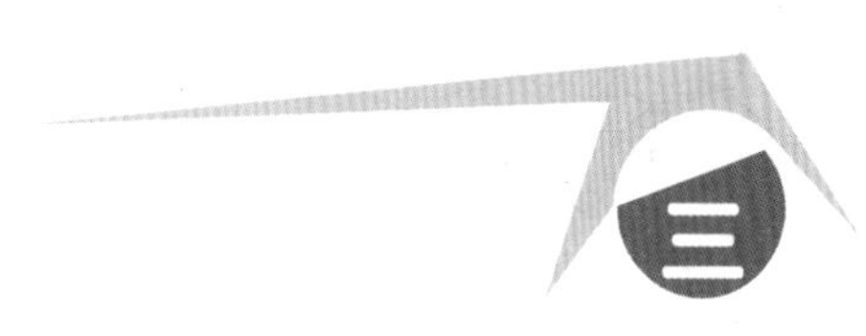

笔，略有些忧伤地看着妈妈。

“皮夹子里长的？哈哈哈，宝贝，你见过皮夹子里长钱吗？”妈妈哈哈大笑起来，“孩子，所有人的钱都是靠劳动换来的，比如妈妈，每天上班，努力地工作，作为对我工作的回报，老板会给我一点儿工钱——当然，我很喜欢我的工作，所以虽然工钱少一点儿也没什么——当然，我会把它塞进皮夹子里带回来。虽然它少得可怜，但是，还够养活我们两个。我们并不是贪心的人，对吧？贪心的人会想各种坏主意去赚钱，而钱对我们来说，并不是那么重要。而那个妮妮的爸爸是个大老板，他有自己的公司，雇了许多人为他工作，他确实是个大富翁。”

“可是，妈妈，”鑫鑫说，“他为什么会是大富翁呢？他也需要工作吗？妮妮说，她长大了什么都不用做，她爸爸的钱根本花不完！”

听了这话，妈妈在鑫鑫的身边坐了下来。她郑重地说：“孩子，没有人可以不工作就拿钱，钱要靠自己劳动去赚！我相信，妮妮的爸爸开始创业的时候，肯定也吃了很多苦，做得很艰难。假如将来妮妮继承了她父亲的财产，那么她要做的事就太多了，至少她要以最好的方法去管理它们，否则，这些财产就会一点点地变少！如果她真的以为，她什么都不用做，就可以一直享有这些财产，将它们不断地变成衣服、鞋子、食物，还有各种饰物，那么，总有一天，她会变成一个乞丐
妮妮怎么会以为她爸爸的钱是从皮夹子里长出来的？啊，我明白了，她从来没有见到过她爸爸辛苦地工作，不过，以后她会

明白的。”

听了妈妈的话，鑫鑫沉默了，她若有所思地看着妈妈，原来，钱并不是轻易就能得到的！

等妈妈回卧室休息后，鑫鑫看着小桌子上的扑满，轻轻地叫道：“菲娅，我想你了，快来呀”。

她是如此迫切地想见到菲娅，因为，她是多么希望自己能早些学会赚钱啊，那样不仅可以帮帮妈妈，使妈妈不那么辛苦，而且，还可以让菲娅不再挨饿！菲娅平时总是化身为小猪扑满的样子，安静地守在小桌上，悄悄地关注着发生在鑫鑫身上的一切，当只有鑫鑫一个人的时候，她才会变成小姑娘的样子和鑫鑫玩，讲一些金星上的事，并谈论一切鑫鑫感兴趣的东西。当然，她们谈得最多的，是关于钱的话题。

二、世上没有天生的穷人

随着淡黄色的柔光缓缓地溢满小屋，又一个鑫鑫——菲娅出现了。

看到菲娅，鑫鑫很急切地要向她转述妈妈的话。没想到，她刚刚开口就被菲娅微笑着打断了。菲娅对她做了个鬼脸，说：“我都听到了。你妈妈说，只有劳动才能得到钱，这个观点我非常赞同。没有人可以不劳而获。但是，她说你们是穷

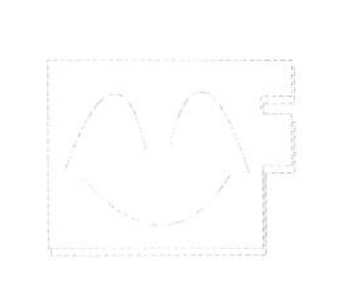

人。这个说法错误极了。这是典型的穷人思维，富人从来不这么说。”

“那么……富人怎么说？”

“富人从来不说自己穷，哪怕他刚刚破产了。富人认为，破产只是他做生意时偶尔会遇到的一个小问题，他很快就能把它解决；而穷人却认为自己注定是贫穷的，想发财比上金星还难！就像狐狸吃不到葡萄，就说葡萄是酸的一样。穷人总是说：‘钱对我来说并不重要，我们更注重心灵财富。’所以，他们的财富永远藏在他们心里，而口袋中则永远是空空的。”

听到这儿，鑫鑫有些窘迫了，显然，菲娅这些话都是针对她妈妈才说的，于是，她有些不高兴地说：“你这样说没有道理，我妈妈说，我们并不要求有太多的钱，只要平时够花就行了——钱多了很容易让人学坏！”

“什么？你说钱多了会使人学坏？”菲娅的眼睛瞪得很大，她似乎从来没有听过个理论。“我爸爸是金星上最富有的人，可他也是金星上最伟大的人，从来没有人说过他坏。——而你妈妈……难道你妈妈这些年没有加过薪吗？那么请问她的钱够花没有？为什么她依然在为账单抱怨？你不觉得她的理论很可笑吗？”

“那是因为我上了学，我们需要钱的地方变多了。”鑫鑫的声音高了起来，她不能容忍菲娅指责她最爱的人。

“哈！又一个典型的穷人理论！当一个孩子上学后，如果她的妈妈说：天呀，我又要付更多的账单了，那么她的妈妈永

远不会富有。如果她的妈妈能说：我的孩子上学了，我必须去赚更多的钱！毫无疑问，她会成为富翁——听到了吗？这就是区别！你认为一个把孩子当成沉重负担的人，会懂得如何赚钱吗？不！只有把孩子当成动力的人才能做得更好！”

“不！”鑫鑫尖叫起来，她激动得用力挥了一下手，好像要和菲娅打架似的，“我的妈妈从来没有把我当成负担，她说过，我不必管钱的问题，只要好好学习就行了，她会把一切都做好的……”“当然，她当然会把一切都做好，”菲娅打断了鑫鑫的话，根本没理会她的愤怒。“因为，她是地球人——这不是她的错——地球人只会培养在纸上打高分数的生活低能儿，所以他们才是地球白痴！他们的一生中，有四分之一时间在纸上谈兵，还有四分之一的时间在为怎样和其他白痴打交道伤脑筋，而更多的时间里，他们是为拿什么付账而犯愁！当然，像你这样的小孩子还不懂这些！但是，我要告诉你：当你的妈妈——个为付账发愁的地球人，喋喋不休地要你好好学习，长大找个薪水高的

好工作的时候，我的爸爸——金星上最富有的人，也在叮嘱我要好好学习，长大后，要让金星上所有优秀的人都为我工作，为我创造财富！你要生气就尽管生吧，我并不是要责怪你的妈妈，而是要帮你！假如你愿意像你妈妈一样生活，那么她的现在就是你的将来！那你就像现在这样拒绝我好了，我不会再和你口嗦一句！”

金光一闪，菲娅不见了，而小猪扑满则静静地守在桌子

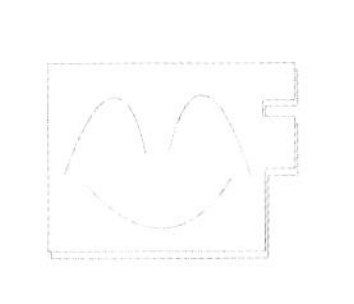

上，仿佛它一直守在那里从来没有变化过。然而，它美丽的蓝眼睛里充满了忧伤……

一阵啜泣声传来，鑫鑫伏在小床上伤心地哭了起来。她感觉菲娅的话说得有道理，可是，妈妈真的错了吗？为什么妈妈说的和菲娅总是说的不一样？她到底应该怎么办呢？她多么想早点赚钱，让妈妈不再这么辛苦呀！

小屋里发生的一切，鑫鑫的妈妈并不知道，她太累了，早已进入了梦乡，在梦里，她还在不停地工作呢！其实，就是她醒着，也根本不会知道这些事，因为，当和鑫鑫在一起的时候，菲娅总是用一束无形的光将她们俩罩在一个神奇的场里，这样一来，就没有地球人能看到她们，或是听到她们说话了。

哭着哭着，鑫鑫睡着了。自从认识菲娅以后，她的小脑袋里接受了太多与以前不一样的东西，虽然她是个非常聪明的孩子，但是她毕竟还不到九岁，有很多事她还根本无法理解！这些事把她的思维搅乱了，也让她累极了，所以她很快就睡着了，并发出微微的鼾声！

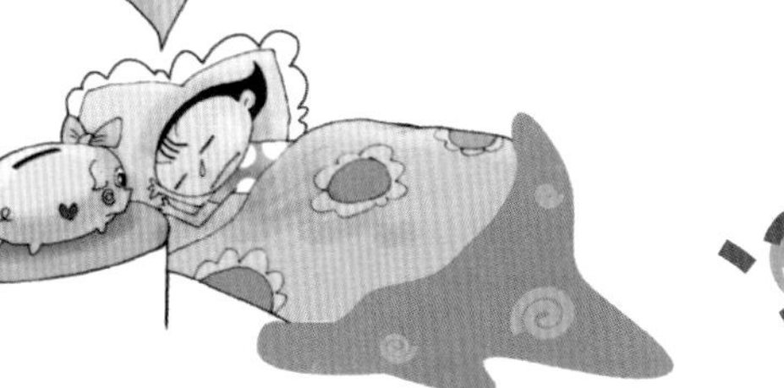

然而，菲娅并没有睡觉，她依然在为刚才发生的一切而伤心！她喜欢鑫鑫，迫切地想让她懂得钱、懂得生活！最重要的，她希望能改变鑫鑫的命运，让她像自己一样快乐！想到这儿，菲娅毅然作出了一个决定：带鑫鑫回金星去见自己的爸爸！

菲娅可不是优柔寡断的人，决定刚刚作出，小屋就笼罩在柔和的金光中，UFO也已经悬浮在空中。菲娅看了看熟睡的鑫

鑫，自己先飞了起来，接着，鑫鑫的身体就像有人托着一样，轻轻地浮了起来，保持着沉睡的姿势随着菲娅飞进了UFO。随即，金光消失了，黑暗笼罩了这个小小的房间。

转眼间，鑫鑫发现自己来到了一个陌生的地方。这里的天空异常清澈，呈亮亮的水蓝色。水波流转间，依稀能看到一颗颗亮星在漾动的涟漪间眨着眼睛，放射出一束束柔和的金光，犹如烟花绽放在水天中，美丽而曼妙。然而天上却没有地球的天空中常见的云彩。更令人奇怪的是，这里的云彩都飘在街市上，街市上虽人来人往，却没有地球上的车水马龙，不过，每个人的脚下都飘着一团云，托着他们的身体移动得非常快，根本看不到他们的腿在动。那些云五颜六色的，在街市上飘移着，仿佛是一朵朵长了脚的鲜花，美丽极了。

鑫鑫非常好奇，盯着离自己最近的一朵云看。这朵灰色的云像一团雾，上面站着一个大约十四五岁的男孩，他的移动速度和其他人比起来慢极了。那个男孩很快也发现了鑫鑫。只见他身子让人难以觉察地轻轻一晃，就停了下来，那团雾云从他脚下升起来，迅速缩小，最后竟凝为一枚硬币落进了男孩的手心里。

鑫鑫看呆了。这可比变魔术要精彩得多呢！那个男孩也上上下下

地打量着鑫鑫。忽然，他咧开嘴笑了，说：“我一直以为我是最笨的孩子，原来你比我更笨！哈哈，太有趣了！”

鑫鑫本来就让他看得有些不好意思，听他这么一说，就更加莫名其妙了。她嗫嚅地说：“我……并不认识你，你为什么说我笨呢？”

“你看看你自己，脚下连最低级的雾云都没有，这说明你从来没有自己赚过钱，是靠别人养活的，那你不是笨是什么呢？”那男孩的语气中多少有些鄙夷的味道了。

听了男孩的话，鑫鑫惊讶得目瞪口呆。半晌才说：“难道，你是自己养活自己的？可是，你怎么能赚到钱呢？你还这么小！”

“你居然说我小！哼，我要让你看看我是怎样赚钱的！跟我来！”很显然，这个男孩被鑫鑫的话激怒了。他把手心一翻，那枚雾云币就直落下去，在他脚底下又化为一团雾，托着他向前移动。他走出没多远，忽然发现鑫鑫根本没有动，还在直愣愣地看着他，于是马上转回身，伸手将鑫鑫拉到了自己的雾云上，说：“我要让你见识见识，我可是个赚钱高手呢！”鑫鑫没有拒绝，而是恍恍惚惚地站在雾云上，虽然并不感觉害怕，但却觉得这个男孩是那么的不可思议。

雾云缓缓地飘移着，仿佛速度更慢了。不一会儿，鑫鑫忽然发现雾云停了下来，只见那个男孩轻轻地跳了下去，根本不理鑫鑫，径直蹲在地上。原来，一个猫儿大小、长得却颇似恐龙的动物正躺在地上痛苦地呻吟着，看上去好像受了伤！

那男孩轻轻地伸手将它抱了起来，放在鑫鑫脚边，吓得鑫鑫下意识地一躲，险些没掉下去。随后，那男孩也上来了。然后，并未见他怎么动作，他们移动的速度却明显快了起来。

几乎是一瞬间，他们就停在了一栋金碧辉煌的大楼前。这栋楼看上去就好像一枚立着的纪念币。男孩看了鑫鑫一眼，抱起那个小东西一闪身就下去了。可鑫鑫却怎么也不敢往下跳，吓得脸色都变了。那男孩又露出鄙夷的神色，将雾云落到了地上，鑫鑫有点害羞地迈步走了下去。随后，雾云不见了，雾云币落在了男孩的掌心里。

男孩让鑫鑫随他一起进去。他把小恐龙交给了里面的工作人员，那个工作人员随即给了他两枚硬币。工作人员动作轻柔地给那个小家伙上药、包扎。然后，将它放到一片淡蓝色的草坪上。纤细的草散发着幽幽的清香，那小家伙看上去似乎很喜欢，柔顺地伏在草里。

这时，一直没有开口的男孩说话了："看到了吧，我就是这样赚钱的——给受伤的小恐龙找个家。这里专门收留受伤的、流浪的小动物。如果我不去管它们，它们就有可能会死掉！"

"可是，你这是做好事呀！我妈妈说，做好事是不可以要钱的，人有太多钱会学坏！而且，小孩子不应该对钱感兴趣！"鑫鑫壮着胆子说。

"什么？你妈妈说？只有地球人才这么说话！你真是太奇怪了！"听了鑫鑫的话，那男孩瞪大眼睛看着她，就像在看怪物一样，让鑫鑫觉得窘迫极了。"我很小的时候，爸爸就告诉过我：钱是一种很重要的东西，必须学会用最体面的方法去得到它，而且还要学会把它们用在最体面的事情上，比如做善

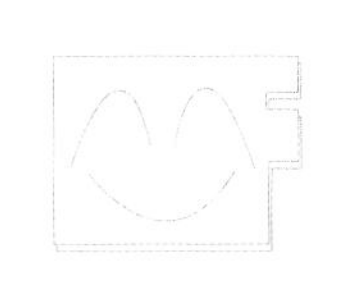

事，这样的一生才会从容而快乐。而且，我爸爸还说，一个孩子如果对钱不感兴趣，不会赚钱，那么他将来就很难生活得很好。我爸爸就是这么教我的，难道你不信吗？看来，我得带你去见见爸爸了，要不然，你就变得像地球人一样愚蠢了！”

看着鑫鑫一副茫然未解的样子，这个小男孩根本不管鑫鑫是否答应，就径自拉起鑫鑫的手，和她一起上了自己的雾云。鑫鑫发现，他的云比刚才来时清澈了很多，而且颜色也变成淡灰色了。

原来，菲娅已经把鑫鑫带到了金星，在金星上，每个人都是靠云朵代步的，而每个人的云朵的大小、颜色和形状都是和这个人的财商、情商、智商、善良指数、爱心指数等有着紧密联系的。在街上，无论你认不认识这个人，只要你看看他脚下的云，就会对他的为人有一个大概的了解。所以，在金星上，很少有做坏事的人，因为，脚下的云朵会泄露他们的秘密，其他人会及时帮助他们改掉坏习性，如果他们继续作恶，就没有人再理他们，他们就只能离开金星去宇宙间孤独地流浪，在凄清中死去。

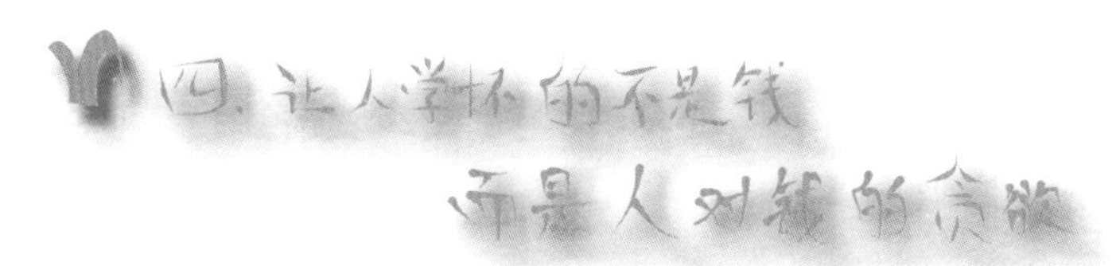

四、让人学坏的不是钱 而是人对钱的贪欲

事情真是出乎鑫鑫的意料，这男孩子带她见的人竟然是金

星之王——菲娅的爸爸，也就是说，这个男孩居然是菲娅的哥哥。原来，自从踏上金星，菲娅怕爸爸知道她回来了，结束她的假期，就化为一个非常小的蝴蝶发针，饰在鑫鑫的黑发上，随时保护着鑫鑫，并悄悄地赋予了鑫鑫能听懂金星人语言和看懂金星人文字的能力。直到鑫鑫遇到了她的哥哥雷欧，她才放心，并暗中打消了鑫鑫的疑心，让她毫不害怕地跟着雷欧。

金星之王是个非常和蔼的老人。听了雷欧介绍和鑫鑫的相遇以及鑫鑫妈妈的观点后，他用手捋着长长的胡子，笑了，因为他一眼就看出，鑫鑫不是他的臣民，而是个地球孩子；而且，他非常明白这个地球孩子怎么会突然来到他的国家，因为他看到了那枚发针——菲娅。虽然菲娅耍了个小伎俩，但她依然没有瞒过老父王！所以，父王对事情的来龙去脉已经心知肚明了。

为了证明自己的正确，雷欧先说道："爸爸，你是不是说过钱是好东西，我们都应该学会赚钱，而且再多的钱也不会让人学坏？"

金星之王呵呵地笑了起来，他说："对极了，我的孩子。有再多的钱也不会让人学坏，让人学坏的是贪婪，是欲望。钱不过是一个工具，可以让你买衣服、买书，并换来你想要的一些东西，让你生活得更好一些。但是也有些东西是钱换不来的，比如情感呀、品德呀、爱心呀、友谊呀，等等。正直善良的人会用正当的方法去赚钱，让自己和亲人都生活得舒适、幸福。他还会用钱做善事，使世界变得更美好。当然，有些人会

挖空心思去赚钱，甚至为了赚钱去做坏事，这就是你妈妈说的‘钱能让人变坏’的原因。其实，让他们变坏的不是钱，而是他们对金钱的崇拜和占有的欲望，他们已经成了金钱的奴隶，根本享受不到赚钱与花钱的快乐。你明白我的话吗，可爱的孩子？”

鑫鑫似懂非懂地点点头，说：“我认为，您想告诉我的是：我可以喜欢钱，这没什么错，我可以用好方法去赚钱，也可以把钱花在帮助别人上。对吗？”

“哈哈哈哈……你真是聪明极了，我的孩子！”金星之王爽朗地笑起来，他和蔼地拍拍鑫鑫的头，用手指轻轻地爱抚了一下她发间的蝴蝶发针——他最疼爱的小女儿的变身。

随后，雷欧又拉着他的手说：“爸爸，她的妈妈说，小孩子不应该对钱感兴趣，更不应该知道钱。可我觉得这样不对，您觉得呢？

金星之王，看了看鑫鑫，鑫鑫的脸红得像太阳一样，她略低着头，但眼睛中却流露出十分渴望知道的神情。于是金星之王轻轻地叹了口气说：“有一些星球上的人观念比较陈旧。比如地球上有个叫中国的国家，这个国家是地球上的一个大国，有着五千年文明，那里的人也非常优秀，又聪明又勤劳。但是，那个国家以前是封建社会，由封建皇帝管理整个国家，那些皇帝主张“君子喻于义，小人喻于利”——你们不懂吧？就是皇帝告诉老百姓不要爱钱，别把钱看得太重，如果爱钱就是小人，是品行不好的人，而讲究礼义的人才是品德高尚的人。可这些皇帝自己却非常爱钱，用各种名目和手段把老百姓的钱骗走、抢走，供自己享受。“这样一来，人们都把追逐名利看成是小人的行为，而不是一个高尚的人该做的事，而且这种观

念根深蒂固。所以直到今天，那里的大人们辛辛苦苦地工作赚钱，自己不舍得吃、不舍得穿，却为孩子买最好的食物，最高档的衣服，缴各种学费、培训费，让孩子随心所欲地花钱游乐，给孩子买保险，却不肯让孩子接触钱，更不让他们懂得钱。他们仍然觉得小孩子如果接触金钱，学习理财，就会染上一身铜臭，没有心思读书了；以为远离金钱就能让孩子专心学习，然后凭着考个高分找到一个好工作。然而，他们没有意识到，日常生活中，“钱”是无处不在的，一个不懂赚钱艰辛、花钱节省的孩子会在不知不觉中染上好吃懒做、奢侈、浪费等坏习气，将来一定会挣扎在经济的泥沼中，无法自拔。唉！这哪是爱孩子，分明是害孩子！真是愚昧呀！”金星之王边说边叹气，他本想和鑫鑫多谈一些，但看到鑫鑫的头垂得越来越低，怕鑫鑫难堪，就命侍者端上一些饮品给鑫鑫，又随口说了几句题外话，借以缓解鑫鑫的情绪，然后让雷欧把他的书拿几本来，陪鑫鑫读一会儿，希望她能从书中得到一些启发。

五、别拿钱来衡量人的好坏

雷欧是个热心的孩子，他很快就拿来了一大摞五颜六色的彩色图书，还给鑫鑫拿来了一些金星孩子的零食——各种大小不同、颜色各异的硬币。不过，鑫鑫根本不知道他端上这些

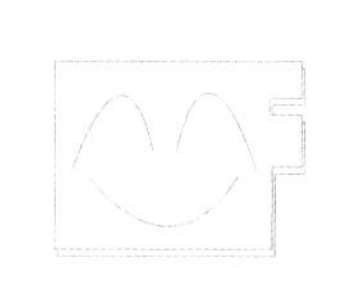

硬币的用意，而是饶有兴味地打开一本金星少儿百科翻看起来。

鑫鑫一边翻看，一边轻轻地读着："金星的孩子是非常幸运的，当还在妈妈的肚子里时，父母就开始培养他的智商了；而孩子降生后，父母就要着手培养他的情商；在他年满三岁时，财商教育就必须开始了。"

鑫鑫感觉很茫然，她依稀记得菲娅曾和她提起过这些……商，但具体是什么，她并没什么深刻的印象。

雷欧看到鑫鑫翻书的手停了下来，还以为她不认识这么多字，于是颇为自豪，又故意卖弄地给她念了起来：

"智商就是一个人的观察能力、记忆能力、思维能力和想象能力等智力水平。智商高的人心理发展良好，他长大后在工作和学习中能取得很多成就。智商反映的是人的先天素质、后天发育和教育等综合水平——对于那些智商很低的人，我们通常叫他白痴。"鑫鑫边听边看书上的介绍，根本没有最后这句话，显然这是小雷欧自己的创作。

"情商指的是一个人控制自己情绪的能力，它包括自我认识能力、情绪管理能力、自我激励能力、了解他人的能力和成功的社交能力。一般来说，情商高的人大多为人正直，富有同情心，而且情感比较丰富，属于外向的性格，爱说爱笑爱玩，所以社交能力比较强，很容易和人相处，这样就会有很多朋友。他无论是一个人独处还是与朋友们在一起时都会给自己找到开心的理由。同样，他学习时会非常用功，长大后做事也会非常用心。

一所普通的学校，通常只注重培养孩子的智商，还有些学校会相应地教给孩子们一些技能，使他长大后可以凭这项技能养活自己。但是，还没有学校专门开设情商课，而对一个人的将来能起关键作用的，还是他的情商，情商越高，取得的成就越大。——那些情商低的人，我们通常叫他呆子。嘻嘻，好玩吧？”雷欧读完书上的内容，又故作聪明地加了一句自己的评价，然后冲鑫鑫笑了笑，又接着读下去……

“至于财商，就是一个人驾驭金钱的能力和智慧。其实财商讲究的就是找出最有效的方法让金钱为自己工作，也就是要在合适的时间、选择合适的人去做合适的事。事实上，财商与智商、情商一样，都是一种指导人们行为的无形的力量。培养财商，并不意味着鼓励你一味追求金钱，而是要利用金钱为你创造生活。更重要的是，我们不能以金钱作为衡量人的唯一标准。我们不能因为谁钱多就说谁好，也不能因为谁钱少就认为他无能！金钱的多少与赚钱能力的高低只能代表一个人的经济状况和他财商的高低，却无法体现他的道德与品行！只有这样，你才能在生活中享受到钱带给你的真正快乐！——对于财商低的人，我们通常叫他地球人！”

小雷欧读完这段内容后，仍没忘记评价一下。不过，这句评价却让鑫鑫脸红了，她不由得拿起饮料轻轻地啜了一口，那是一种很清澈的蓝色饮料，发出幽幽的清香，让鑫鑫一下子想起在金星小动物收容所里看到的草地。雷欧见状，热情地拿起一枚硬币点心递到鑫鑫手里，让她吃，鑫鑫接过点心，却不敢往嘴里放。只见雷欧也拿起一枚，送到嘴边，却连嘴巴都没动，硬币就不见了。

雷欧的这个动作让鑫鑫立即想起了她的小伙伴菲娅，她马

上不假思索地说："我现在不想吃，但是，可不可以送我一些带回家呢，我有个朋友最喜欢吃这个！"

听到鑫鑫的话，金星之王哈哈笑起来，因为当鑫鑫说完这句话后，他分明看到自己的小菲娅乐得险些现了原形。这个小丫头还是这么调皮，居然交了如此可爱的一个小地球人做朋友！他怎么能不满足这个要求呢？

鑫鑫睁开眼睛的时候，她的小屋里洒满了柔和的金光。她将视线投向了床头的小桌。小猪扑满安静地坐在那儿，漂亮的蓝眼睛里盛满了调皮的表情。鑫鑫马上坐起来，急切地说："菲娅，我做了一个奇怪的梦，梦到……"正说着，她的手突然摸到了床上的什么东西。她低头一看，竟然是一个漂亮的玻璃盒子，里面盛满了硬币。

"天呀，我不是做梦么？难道……"鑫鑫不由自主地叫起来。她一把抓过硬币盒子，送到小猪扑满面前，"我再也不叫你挨饿了，菲娅，这些都能吃的，你快吃吧！以后，我会想办法赚钱，我们都会生活得更好的！"

此时，菲娅已化为小女孩儿的样子，笑得前仰后合。通过这次神秘的金星之旅，两个来自不同星球的小姑娘的友谊，更加深厚了！

第八章 鑫鑫开始赚钱了

一、无意中赚到第一笔钱

时间过得飞快，转眼一个月过去了。有一天，妈妈下班后，送给鑫鑫一个礼物包——原来，这一天是鑫鑫的生日，妈妈特别选了一本她喜欢的折纸书和两套手工纸送给她！这让鑫鑫高兴极了，晚上做完作业后，她就在自己的小屋里用手工纸折来折去，一只只小鸟、小兔、小船等纸工艺品活灵活现的，真是太漂亮了，引得菲娅每天晚上都盼着鑫鑫妈妈快点睡觉，这样她就可以和鑫鑫一起享受折纸的乐趣了。

折纸太好玩了，有一天，鑫鑫将自己折好的小东西带到了学校。课间，她拿出一个纸折的小公主放在课桌上玩着。这个小公主穿着紫色拖地长裙，头戴金冠，手里还握着一根缀

有星星的绿色权杖，既漂亮又威武，好看极了。

正在拿肯德基汉堡当课间零食的妮妮看到这么好玩的东西，立即被吸引住了。她有很多玩具，可是还没有用纸做的呢。这时，又有一些同学被鑫鑫的“小公主”吸引了过来，大家七嘴八舌地都说好看。见大家都喜欢，鑫鑫非常得意。妮妮一向争强好胜惯了，看到这么多同学都喜欢的好玩艺儿自己竟然没有，真有些丢面子，于是她说：“鑫鑫，把它送给我吧。”

这可让鑫鑫觉得为难极了，她自己也非常喜欢，实在不舍得送人。听到妮妮开口向鑫鑫要，其他同学也你一句我一句、凑趣似的向鑫鑫要，鑫鑫更为难了。“给你一元钱，你把它卖给我吧！”妮妮说着从口袋里掏出一枚硬币递给鑫鑫。鑫鑫刚想拒绝，就听到菲娅——她头上的那枚发针——轻声说：“这是个不错的交易，卖给她好了。”

就这样，鑫鑫赚到了她生平第一枚硬币。这时，班里另外几个有零花钱的同学七嘴八舌地问鑫鑫还有没有，他们也想要。于是鑫鑫又惊又喜地把带到学校的其他几样小纸艺都拿了出来，这几个同学就你一个他一个地把它们都买走了。

晚上，鑫鑫和菲娅在小屋里一枚枚地数着硬币，竟然有九元钱！呵呵，这可太棒了，两个漂亮的小姑娘在屋里又跳又叫，兴奋得不得了。闹了一会儿，菲娅一本正经地说：“我认为，你可以用一半的钱再买些手工纸，折些更好的玩艺，如果有人愿意让你教他折，你可以让他交五角钱学费。——不

过，这些只能是在午餐休息时间去做，绝不能因为折纸耽误了学习，否则，你妈妈会把你的书撕掉的！另一半钱，我希望你存起来，这样在以后需要买其他东西时，你就不会为没有钱而干着急了。”

鑫鑫高兴地点着头，她觉得菲娅的主意好极了。

第二天午餐休息时，鑫鑫走进了学校旁边的文教商店。鑫鑫现在已经不像原来一样胆小了，在菲娅的帮助下，她已经学会了买东西:菲娅告诉她，买东西前首先想好自己是不是一定要买这件东西，然后货比三家，多走几个店，比较一下价格和质量。比较价格就是看好单价，明确这种东西的价格签上的单位名称；再下一步，想好自己要买的数量，可以在心里计算一下大约要花多少钱。最重要的一点还要看好质量！因为在很多商店，有些东西表面看起来是一样的，但常常不是同一个牌子，而且价格不同，质量也不同。所以不能只看价格低就买，那样很容易上当。再有，商家会把一些快到保质期的东西稍稍降低价格出售，所以，买东西，尤其是买食物时，看保质期是非常必要的。过了保质期的东西，即使再便宜也不要买！

在商店里，鑫鑫发现了好几种手工纸，不仅颜色很多，价格也不那样。买哪种呢？她打开一袋手工纸捏了捏厚薄，又对比了一下颜色，数数张数，还一样样地看着价格签——那样子老练极了，仿佛她已经买了很多次东西。其实，都是菲娅在悄悄地教她呢——最后，她花了五元钱买了两袋色彩十分鲜艳的双色手工纸，每袋有十张呢。

一周后，鑫鑫的这些手工纸变成了各种各样的小纸艺，竟然为她换回来18元钱！而鑫鑫的学习成绩也上升了。因为，她

可不想让妈妈撕掉她的手工书，她每天写作业、听课时，一想到自己认真地学好、写完，就能折纸了，就会非常兴奋，学起来比从前更有劲了。

鑫鑫想把钱交给妈妈，然而，当妈妈知道了钱的来历后惊讶极了。她没有像鑫鑫期望的那样高兴，也没有鼓励她，而是叫鑫鑫以后再不要做这种蠢事。因为她觉得鑫鑫更应该把这些东西送给同学们，这样才利于增进友谊；否则，别人会因此以为鑫鑫是个唯利是图的小孩子。不过，既然鑫鑫并没有影响学习，反而因为赚钱这个动力使成绩提高了，所以妈妈也没有多说什么，她一再叮咛鑫鑫不要落下功课，然后就让鑫鑫把这些钱当作零花钱了。

二、用劳动换回自己的零花钱

天越来越热了，时间老人仿佛也因为热而走得越来越慢。鑫鑫每天依然很用功地学习，但总觉得生活有些乏味，于是就让菲娅给她讲故事。这一天，菲娅给她讲了个地球人奥斯

特瓦尔德的故事：奥斯特瓦尔德是法国巴黎的银行家，他曾经穷得一贫如洗。但是他有个奇特的爱好，就是每天傍晚在酒馆吃晚饭时，都要喝上一品脱啤酒，然后把他所能找到的所有软木塞收集回去。就这样，他收集了8年，8年后，这些软木塞竟然卖了8个"金路易"。而这8个金路易就成了他发家的资本——他开始从事股票生意，成了银行家，他死后留下了大约三百万法郎的遗产。

听完这个故事后，鑫鑫惊讶地瞪着大眼睛，一声不吭地看着菲娅。她心里正在盘算着一件事:自己的学校里并不供应水，同学们每天上学都要带瓶装水，很多同学每天喝完水后就把空瓶扔掉，很多男生用空瓶子当炮弹扔来扔去，或是当足球在教室里乱踢……如果空瓶子也能卖钱的话……

想知道空瓶子能不能卖钱并不难，第二天，菲娅就得到了答案：一只空矿泉水瓶可以卖1角钱。就在离鑫鑫的学校不到50米的地方，就有一个回收空瓶的收购站。菲娅真不愧是鑫鑫的好伙伴，她甚至已经帮鑫鑫变出了一个造型很漂亮的木箱，装上六七十只空瓶都没有问题。

得到菲娅的支持，鑫鑫很兴奋。第二天，这个写着"空水瓶的家"的木箱，就被鑫鑫放在了教室最后面的角落里。同学们对这个新鲜东西都很好奇，为了给大家做个样子，鑫鑫有意将自己喝完的空水瓶先扔了进去。随后，里面的空水瓶便多了起来。很多男生喝完水也直接将水瓶投进去，因此教

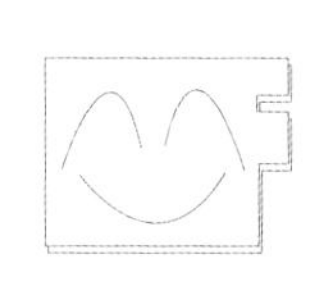

室里一下子清爽了许多，纪律明显好了起来。快放学的时候，老师居然表扬了鑫鑫，让大家学习她热爱集体的精神。这可真让鑫鑫感到十分意外。

放学后，鑫鑫将箱里的空瓶都装进菲娅给她的一个布袋子里，她一边装一边数，整整有60只空瓶子！在菲娅的暗中帮助下，鑫鑫很顺利地将空瓶子拿到回收站，换回了6元钱。

第一天就这样顺利，鑫鑫高兴得乐不可支。第二天，她又用空瓶换回了五元三角钱。虽然有的同学讥笑她是捡破烂的穷孩子，但因为有老师的支持和菲娅的鼓励，鑫鑫并没有放弃这个赚钱的机会。一个月后，她竟然用空瓶换回了132元钱！对于鑫鑫来说，这可是个巨大的收获，不亚于天文数字了，因而对于同学的讥笑，她更不放在心上了。不过，她并没有放松学习，因为她已经懂得，智商和财商是必不可少的两项，绝不能让自己为了赚钱而赚钱，那就成了金钱的奴隶了。何况，她还不想因为成绩不好而失去老师这个支持者呢。

三、做个理智的小消费者

一下子有了这么多的零花钱，鑫鑫在兴奋中夹杂着不安。她现在最想的，是买好多好多自己喜欢的东西，比如漂亮的鞋子，头饰或是一些好吃的东西。一提起好吃的，鑫鑫立即想到了妮妮吃的肯德基汉堡，仿佛又闻到了汉堡的香味。于是，鑫鑫咽着口水对菲娅说："我们去吃汉堡吧，妮妮吃汉堡时，我闻着特别香，馋得我真想上去咬一口呢。"

菲娅笑着说："我对汉堡可不感兴趣。不过并不反对你偶尔去吃一次。但在去之前，你要做好一个消费计划。"

菲娅的这个提议，让鑫鑫不由得瞪大了眼睛："难道吃个汉堡还要先做个计划？这也太麻烦了吧！难道金星人培养财商，就是连吃都不能自由吗？"

"当然不。不仅是吃东西，只要是花钱，就一定要先有个计划，做到心中有数。不能糊里糊涂地花钱，更不能随心所欲地花钱。因为有很多小孩子花钱大手大脚，经常买回一些自己喜欢但没有实用价值的小玩意儿，玩上没几天就玩够了，造成了浪费。所以，小孩子每次花钱都要遵循五W原则。这样长大后，才能增强责任感，养成良好的花钱习惯，成为

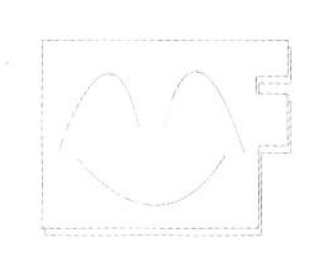

理智的小消费者。”

说着，菲娅轻轻张开手掌，手心里多了一张粉红色的蝶形卡片，上面写满了淡蓝色的字，若有若无的，像一只只蓝蝴蝶在轻轻地舞动着。

鑫鑫把小脑袋凑过去，仔细地读了起来：

星际儿童购物5W原则

——适用于生活在各个星球的儿童

1. why（为什么要买）？

买任何东西前，每个孩子都要回答这个问题。如果说不出理由，或是理由不正当，就放弃这个购买计划。对于一些年纪小的孩子而言，这个问题要父母来问，如果孩子回答不出来，就要限制购买。

2. what（买什么）？

当孩子年龄小时，不是所有他想得到的东西都可以自己做主购买，所以父母要事先和孩子商量好，买哪些东西要经过父母的同意，懂得什么能买，什么不能买。去商场前，必须想好要买什么，在商场中只能按计划购买，即使有再吸引孩子的，也不能超计划购物。如果这样东西确实是孩子需要的东西，可以调整购物计划，放弃原来要买的物品。

3. when（什么时间去买）？

每个孩子都要懂得，不能因为购物而放弃其他重要的事情，比如不能因此而耽误周末的补习，或是家庭聚会。如果孩子要和家长或是朋友一起去购物，就要事先约好对方，找到双方都有空余的时间。这个世界并不是为了哪个孩子而存在，也不能以一个孩子为主，所以每个孩子都要学会耐心等待。

4.where（到什么地方去买）？

一般来说，铅笔、作业本、小贴画等小物品可以到学校或是家附近的小市场去买。对于孩子来说，名牌商品和普通商品没有什么区别，孩子之间不应为此互相攀比。但千万不能贪便宜到小商小贩的摊上去买食品，尤其是不要在学校门口的小商贩处买吃的东西，那些小食品非常不卫生。

5.who（什么人去买）？

年龄小的孩子，暂时不能单独到离家远的地方去购物，最好由家长或其他熟悉的大人陪同前往。如果是离家非常近的地方，或是相对安全的地方，可以由大一些的孩子单独前往，但不可购太多物品，要速去速回。

看着这个计划表，鑫鑫真有些泄气了，她犹豫了一下，说:“我觉得这是个不错的计划——好吧，我计划只买一个汉堡。我们走吧。”

不一会儿，肯德基里就出现了一对漂亮的双胞胎姐妹:她们穿着一样的粉兰色及膝连衣裙，黑色的短发上系着一样的粉红色蝴蝶结，连走路时蹦蹦跳跳的动作都一样呢。

然而，此时的鑫鑫有些后悔刚才的决定了，因为肯德基里

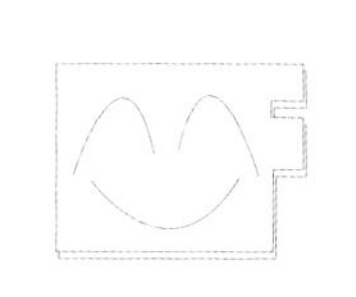

不仅有好吃的汉堡，还有鸡块，鸡翅……好吃的东西太多了！鑫鑫心动了。她点了一个汉堡后，还非常想吃一只巧克力圣代。那浓浓的巧克力香太诱人了。她歪着脑袋把汉堡递到菲娅面前，说："多香呀。菲娅，你尝一口吧。"菲娅摇摇头，却在心里暗暗地笑了，因为她已经知道鑫鑫下一句话想说什么了。

"你真的不想吃汉堡吗？那你买个圣代吧，它看起来真是太好吃了。"鑫鑫用力吸了一下鼻子，说，"既然你对它们都不感兴趣，不介意给我买个圣代吧，我很想吃！"

"不，我当然介意。因为我们的计划里没有圣代！"菲娅挑了一下眉毛，轻轻地说，"我不希望你随意改变计划。因为诱人的东西太多了，当你尝完圣代后，你会发现肯德基的薯条也不错，那样你就会不知不觉地花光你所有的钱！——不，不能出现那样的事情，我必须要你成为一个理智的小消费者！"

被拒绝的感觉真是不好受。鑫鑫的脸红红的，低下头大口大口地咬着汉堡，不再说话。她没有反驳菲娅，她明白菲娅是正确的。

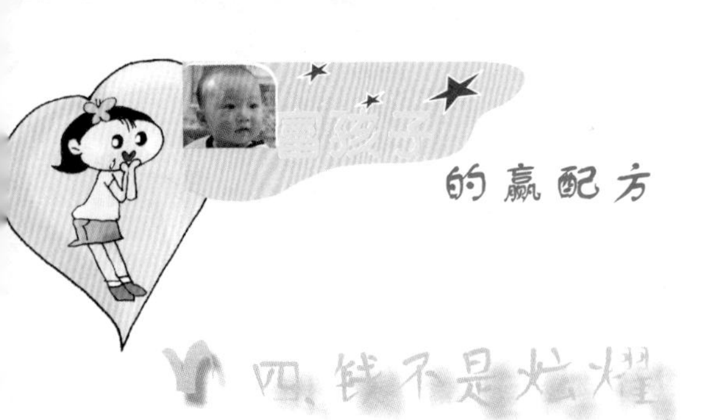

四、钱不是炫耀的资本

这是个让鑫鑫非常郁闷的日子。

早晨刚刚上学，妮妮就宣布，今天是她的生日，她要请几个最好的朋友一起去酒店吃顿“便餐”。妮妮随即宣布了十几个同学的名字，基本上都是班里富有人家的孩子。不过，鑫鑫作为她的同桌，也在受邀请之列。其实，本街区中那些家境与妮妮差不多的孩子多数都花高价进了私立贵族学校。因为妮妮的父母在权衡赚钱和子女的教育这两方面后，发现对钱更感兴趣，所以妮妮才不得不“混迹”在这些工薪家庭的孩子中间。但幸好，她很快就在同学中找到了几个与她情况差不多的孩子，并成了志趣相同的好朋友。

妮妮和这几个朋友平时总有很多零花钱，他们可以随心所欲地买自己想买的任何东西，有时还三五成群地去游戏厅。因为他们太小了，一开始那些厅主根本不理他们，但是当发现他们口袋里居然有那么多钱后，就对他们异常热情起来。

也正是这几个花钱大手大脚、不知节俭的孩子让其他同学的父母更坚定了他们原来的金钱观，认为无论如何不能让孩子太早接触金钱，更不轻易给孩子零花钱。

然而，今天，鑫鑫却体会到了手中没有钱的苦恼。中午，那些有幸得到妮妮邀请的孩子都纷纷跑到校门口那家小商店——鑫鑫就是从那里得到了化成小猪扑满形象的菲娅——给妮妮买生日礼物。鑫鑫却感觉尴尬极了，因为她没有带钱到学

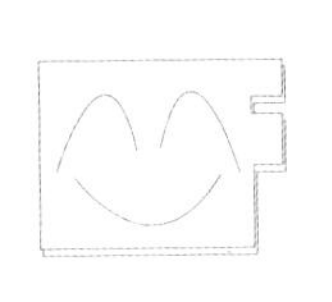

校的习惯。这该怎么办呢？难道就这样去参加生日聚会吗？

犹豫了很久之后，鑫鑫决定找同学借钱，明天再从自己的零花钱中拿出来还。对于鑫鑫来说，向别人借钱比赚钱还难，真不知道怎么开口才好。当看到一个平时和她相处得还不错的女生买完礼物，把找回来的钱放进口袋后，鑫鑫终于鼓起勇气向她开口求借了。然而，令鑫鑫难堪的事发生了，那个女生脸红红地说："我也……没钱了。不能借你。"说完后，她发现鑫鑫的目光正落在她刚装进钱的口袋，于是她有些慌乱地用手按了按那只口袋上，仿佛鑫鑫的目光能把钱从口袋里勾出去似的，嗫嚅着说，"你家那么穷，我借你，你拿什么还呢？"

鑫鑫本想说我也有零花钱，然而，她却没有再开口。她的自尊心受到了严重的伤害，第一次，她感觉到在富人眼中的穷人是如此的可怜可鄙，体会到了穷人的友谊与富人的钱相比，是怎样的脆弱！她在心里暗暗发誓：这一生，我要努力赚钱，再也不轻易地开口向人借钱了！

在放学前，鑫鑫送给了妮妮一套自己用纸折的白雪公主和七个小矮人。妮妮很高兴，再三热情地邀请她参加生日宴会，然而鑫鑫终于没有去，而是带着一肚子屈辱的感觉回了家，郁闷地写着作业。

晚上，妈妈风风火火地回来了，还带来一个令人震惊的消息："有十几个小学生在一家高档酒店庆祝生日，居然花了

1200多元钱。就在他们刚刚走出酒店时，其中的“寿星”就被人绑架了！听说，就是你们班的妮妮！”

当鑫鑫弄明白绑架是怎么回事后，她吓得差点从椅子上掉下去，天呀，怎么会发生这样的事！她哭了起来，并断断续续地向妈妈讲了妮妮今天邀请她参加生日宴的事。

听完鑫鑫的叙述，妈妈愣了一会儿，又突然抱住鑫鑫大笑起来：“太幸运了，我的孩子。幸好你没钱，万幸呀……要不怎么说钱是祸害呢！看看，钱多露富叫人眼红了吧！我就说平时不应该给孩子钱，这不是找事吗？这是大人把孩子害了呀！”妈妈紧紧地搂着鑫鑫，有些神经质地唠叨着。

鑫鑫在妈妈的怀里不停地抽噎着，她根本没有听清妈妈在说什么，只是感觉害怕，并为小伙伴担心。

这一夜，鑫鑫都很难平静下来，菲娅一直静静地陪着她。第二天上学后，班里的同学就像一群兴奋的小鸟一样，不停地叽叽喳喳着。下午，传来消息说，妮妮的爸爸已经付了巨额赎金，妮妮平安地回了家，而且警方开始介入此事了。

有惊无险之后，几乎所有的孩子都不再炫耀家中的富有了，那几个富家子弟换下了高档衣服和书包，不仅口袋中很难再看到大面额的钞票，甚至在说话时对钱也讳莫如深了。

几天后，菲娅和鑫鑫谈起了这件事，鑫鑫说了自己的想法。这几天，通过对这件事的深刻思考，鑫鑫已经有了自己

的想法，她并不同意妈妈所说的“钱是祸害”的观点，相反，她已经深深理解了菲娅父亲的话:钱只是一种工具，它能改善人们的生活，却不是用来炫耀的资本；不是“钱”让孩子们大手大脚，是孩子们缺乏对钱的了解，根本不知道怎么样花钱才是正确的，合理的，有益的。但是妈妈有一句话说得是对的，是这些大人害了孩子！确实，如果这些大人早些教孩子们正确地认识金钱，哪里会发生这样的事呢?

听了鑫鑫的观点，菲娅发现，鑫鑫已经长大了，虽然她还是个读小学的“小不点儿”，但她的智商和财商水平已经达到一个初中生水平了，甚至比某些只知道死读书的高中生还要强呢！因此，菲娅认为，到了该教鑫鑫怎样理财的时候了。

第五章 鑫鑫有了自己的零花钱

一 孩子为什么要有零花钱

这一段时间，鑫鑫每天要卖一些空瓶，虽然空瓶随着天气的渐渐转凉而时多时少，但却有近千元的收入了。她一直想把这笔钱交给妈妈，但菲娅始终不同意，她担心鑫鑫的妈妈不仅不会为女儿能赚钱高兴，反而会把鑫鑫大骂一顿。所以，她悄悄地准备了一个漂亮的玻璃盒子，就像鑫鑫从金星上带回来的那只一样，鑫鑫就把钱放在里面。

然而，菲娅觉得，要鑫鑫的财商达到更高的水平，就必须先转变她妈妈对金钱的观念，所以，她想冒险试一试，和鑫鑫的妈妈谈一次。

晚上，鑫鑫躲进了自己的小屋，在妈妈准备上床时，另一个鑫鑫——菲娅走到了妈妈的床边。

菲娅轻轻地吻了吻妈妈，然后开口说道：“亲爱的妈妈，我想向你要一点零花钱，我的意思是，每周都有一点，因为，像我这么大的孩子，应该学着自己处理一些小事了，比如老师要求我带什么东西，我却忘记了，如果手里有一点儿

零花钱，我就可在学校旁边的小店里买到，而不必被老师批评。您不觉得这是个好主意吗，亲爱的妈妈？”

“你怎么会有这种想法呢，我的孩子？我觉得你还小，我可不想再发生像妮妮生日那样的事。”妈妈显然很惊讶，一点思想准备都没有。

“妈妈，你明白为什么会发生那样的事吗？因为妮妮有钱，却不会花钱，她的爸爸只给了她钱，却没有让她真正懂得钱，她的财商水平就等于地球白痴。——啊，不！妈妈，别这样看我，”菲娅看到妈妈本来有些倦意的眼睛一下子瞪得溜圆，明白自己说漏了嘴，她马上把话题换了一下，“我是说——我不会拿钱去炫耀，更不会乱花，只是为了应急，或是在我饿了的时候买个面包！是的，妈妈，就为了这些。你太忙了，在您来不及接我的时候，我可以和同学们一起搭车回来，这也需要钱。这样你就不必为我担心了，不是么？”

妈妈皱了皱眉，说：“你真是个不懂事的孩子，做人要节俭的，你太小了，不懂得家长的心。你手里有了钱，看到别人吃些小零食，或吃肯德基之类的东西就会馋，就会不想吃学校里的快餐，也出去买汉堡！或者看到别人买了漂亮的新

笔袋你就会嫉妒，会把旧笔袋扔掉好买新的！诸如此类的事，都会造成浪费，也会让你和同学们攀比。咱们是穷人，没有那些钱可以浪费，更攀比不起。你会因为有钱学坏，不好好学习，天天只想着怎样赚钱，怎样花钱，那你怎么能考上重点中学？上不了重点中学，考大学就一点儿戏都没有。现在的社会竞争这么激烈，没有重点大学的文凭，你根本找不到好工作，长大了就会和妈妈一样受穷。所以，妈妈才不给你钱，我要把钱节省下来，等你长大了自然会给你的！你现在除了好好读书，什么也不要想！”

菲娅此时已经有些按捺不住心里的火气了，她最听不得谁说自己是穷人，她爸爸说过，一个人没有钱不可怕，最可怕的是他认定自己是穷人。没有钱，但有积极的心态，那就可以抓住机会去赚钱，让自己变成富人；但如果认定自己是穷人，那么他就会对一切能改变自己命运的机会都视而不见，心甘情愿地贫穷一生了！

于是，菲娅大声说：“你可太愚蠢了！你以为这样就是爱孩子吗？你以为一个从来不接触金钱的孩子长大了能在这个金钱社会中生活得好吗？他们不会买东西，不会讲价，不会分辨东西的好坏，不知道这样东西或那样东西到底能值多少钱。她们不上当受骗叫人欺负才怪呢！还有——你不要用这种怪眼神看着我，我要让你知道，你们地球人都是这么愚蠢！居然还标榜自己对孩子有多么疼爱！——难道你没有看到，有很多考上了大学的孩子居然不会自己买火车票，不会存钱，不会用银行卡，甚至工作了之后每个月的薪水自己都不会管理，拿到钱就乱吃乱花，什么都买，然后就借钱或向父母要钱过日子？难道你也想鑫鑫长大后成为不会理财的地球白

痴？或是也像你一样天天累得连孩子都没有时间管，却月月要为付账伤透脑筋吗？‘考上个重点中学，然后读名牌大学，然后找个好工作’，这就是你——一个自称爱孩子的妈妈为自己的孩子设计的‘人生轨迹’？但是你以为学习好就能生活得好吗？想想吧，无论你在学校考了多少个‘优’，可当你需要买房、购车、办贷款时，人家绝不会让你出示学校成绩单，你需要出示你的财务状况证明……”

突然，菲娅的声音戛然而止，因为她看到鑫鑫不知道什么时候正站在她面前，而鑫鑫的妈妈则一手指着菲娅，一手指着鑫鑫，嘴巴张得大大的却没有发出声音，她看上去脸色特别苍白，仿佛给吓得就要晕倒了。

天呀，菲娅的叫喊声把鑫鑫吓着了，她以为菲娅和妈妈在吵架，一着急就跑了过来，这样一来，全都露馅了！

事情就这样发生了戏剧性变化。当得知了菲娅的身份后，

鑫鑫妈妈终于长长地舒了一口气，缓过神来。在菲娅的劝教下，她终于觉得适当给孩子一些零花钱确实是有必要的。然而，她又觉得不能让孩子不劳而获，就提出让鑫鑫每天做一些力所能及的家务活儿，换取自己的零花钱。比如，每天饭后帮助妈妈洗碗，一周就可以得到1元钱；每天早上自己去楼下取牛奶和报纸，一周也会得到1元钱；另外，如果每天晚上自己洗小手帕、小背心、小短裤和小袜子，或是其他自己的什么小东西，那么，一周可以得到5元钱；如果鑫鑫每天负责倒垃圾，那么她还会得到1元钱。这样一周下来，鑫鑫就可以得到8元钱。

在妈妈看来，鑫鑫一定会为自己的建议而欢呼。因为她认为，这样做不仅能让孩子热爱劳动，还培养了孩子的自理能力。让她犹为得意的是，能让鑫鑫帮她干不少活，省了自己的不少事，同时还满足了孩子要零花钱的愿望。既然是一举四得，她觉得这个主意真是妙不可言。

然而，令她万万没有想到的是，她的主意刚刚提出，就遭到了鑫鑫和菲娅的强烈反对。鑫鑫上前抱住妈妈说："妈妈，我平时帮您做得太少了，我向您道歉。家是我们俩的，你是主人，我也是主人，我们都有义务为这个家做事，你为这个家赚钱保证我们生活，供我上学，难道我为这个家做点儿力所能及的家务事还能要钱吗？妈妈，如果我通过做家务来赚取零花钱，就感觉不是您的女儿，而是在为您打工了。我可不想当个不到9岁的打工妹……"说着，鑫鑫赖在妈妈怀里撒

起娇来。

鑫鑫的话把妈妈说愣了，她想了想，觉得鑫鑫说得还真挺有道理，可她还是不想让孩子不劳而获，于是，她又提出个新建议。她吻了吻怀里的鑫鑫，说："孩子，不是妈妈不爱你，妈妈认为不劳而获是可耻的，所以才想让你通过做家务来换零花钱，妈妈并不介意你做多少，毕竟你还太小。既然你不同意这种做法，那么，我还有个好主意，你现在的学习成绩虽然很不错，但是妈妈希望你能取得更好的成绩。我们定个协议好了:如果你的作业每天都能评上优，我就每天给你1元钱；如果周考你的成绩都在90分以上，我就给你2元钱，如果月考成绩能比上个月提高10分，我给你3元；如果期末考试你的成绩排名能进全班前五名，我奖励你一个玩具，随便你要什么都可以。你觉得这个方案不错吧？"

听了妈妈的方案，鑫鑫和菲娅面面相觑，两个小伙伴一起摇了摇头。菲娅也上前搂住妈妈，说："妈妈——就让我和鑫鑫一起叫您妈妈吧，我很愿意这样称呼您——妈妈，您这个方法是很多家长常用的，而事实上，这样做的结果却常常令他们失望。因为，学习是学生的职责，只有学习才能让孩子在思想上逐渐成长；只有不断地取得好成绩，不断地进步，孩子才会一天天更理性、更成熟、更有能力在这个世界上生存。如果学习好就给钱、有奖励，学习不好就扣钱或是进行处罚，就会让孩子错误地认为学习不是自己的事，是在给父母学，学业成功的成就感全部都被金钱取代了，这是多么悲哀啊!而且，有些天资聪颖的孩子可能不用花什么精力就能拿第一，而智力平常的孩子即使竭尽全力也只能考个中上等，那么奖励第一的孩子无异于培养聪明孩子的投机心理，打击

智力平常孩子的上进心。——我们的鑫鑫是个学习多么用功的孩子啊，根本不用您拿钱来鼓励她。妈妈，您想没想过，如果哪天您忘记给她钱了，或是您手头比较紧，不能给她钱了，她就因此而不学习，您不是弄巧成拙了吗？”

菲娅边说边向鑫鑫做了个鬼脸，鑫鑫和妈妈都笑了。妈妈张开双臂将她们俩都搂在怀里，用嘴唇轻轻地吻了一下菲娅的额头，说：“你这丫头，人小鬼大。居然有这么多心眼。妈妈是这么爱你们，想替你们出个好主意，反倒让你们这两张伶牙俐齿的小嘴儿说得无话可讲了。那你们说，这零花钱应该怎么给！”

菲娅和鑫鑫相视一笑，鑫鑫说：“妈妈，我们并不是真的要您给我零花钱，而是想改变您的观念，不再反对我们通过劳动自己赚钱。妈妈，无论您给不给我零花钱，我都一样爱您，而且我知道，您也同样非常爱我！是吧，妈妈？因为钱是买不来爱的，它与爱没有一丝关系。如果哪一天，您说：‘鑫鑫，你最近表现很不好，别指望下周我会给你零花钱了。’那是不是就意味着您不爱我了呢？或者，假如圣诞节的时候，您没有给我准备礼物，那么，是不是也意味着您不爱我了呢？不，——妈妈，别因为爱我而给我钱，那样会让我

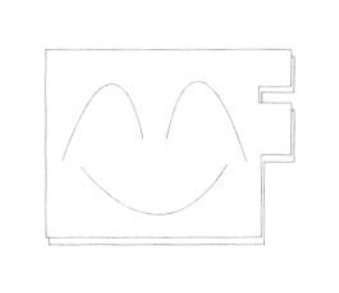

误以为爱是能拿钱买来的！妈妈，——我已经赚了一些钱，我们希望您不反对我们继续赚钱，并同意我们用自己赚来的钱解决以后我学习生活中会出现的一些小花销，这样就可以减轻您的负担了！妈妈，您太累了，我只是想多帮帮您，妈妈。这就是我们和您谈的原因，妈妈，仅此而已！”

在鑫鑫说话的时候，菲娅已经到鑫鑫的小屋里把那个装满钱的玻璃盒子拿了过来，放在了妈妈面前。这一下，妈妈惊讶得眼睛都直了，眼球也仿佛要掉进盒子里了，那神情与鑫鑫第一次看到菲娅从小猪扑满变成小女孩儿时一模一样。

鑫鑫想帮妈妈解决家庭困难的想法，让妈妈很感动。自从这次谈话之后，鑫鑫和妈妈达成了一个协议：在不耽误学习和不损害别人利益的前提下，鑫鑫可以按自己的想法去赚钱，但妈妈不要她的钱，她可以自己保管这些钱，并用它们满足自己的需要。

但妈妈一再强调，鑫鑫必须把赚钱放在第二位，绝对不能整天挖空心思去赚钱，像掉进钱眼里似的；更不能在同学中炫耀，免得发生类似妮妮过生日遭到绑架的祸事。另外，鑫鑫不能因为有钱就学妮妮的样子，像个阔佬一样请同学去饭店、游戏厅、网吧等不适合小孩子的地方玩，有大的花销必须和妈妈商量。

在这项协议中，妈妈规定了一些鑫鑫可以自己支付的开销，它们包括：

1. 买自己的学习用品。

2. 学校要缴的小数额杂费。

3. 学校组织游园或是看电影、话剧时的各种门票钱。

4. 买课外书。

5. 节日或是同学生日时送的小礼品。

6. 可以在平时买些小零食，但绝不可以买校门外地摊上的小食品。而且，每周用于买小零食的钱要有计划性，不可以超支。如果愿意把买小零食的钱节省下来，就可以把它作为奖励，买件自己更喜欢的东西。

7. 课间或是放学后如果饿了可以买个三明治或其他食品。

8. 偶尔赶不上校车或是妈妈没有时间接送时自己乘车的车费。等等。

可以说，菲娅和鑫鑫已经初步改变了妈妈的观念，但看得出，她仍有些不放心，于是菲娅建议鑫鑫把这些钱存起来一部分。这个建议让妈妈很高兴，一个劲地夸菲娅懂事。菲娅不好意思地笑了笑说："其实，我还有个建议，只是……"

看到菲娅欲言又止的样子，妈妈嗔怪地说："你这小机灵鬼，有话就尽管说嘛，别在那卖关子了。"

一句话，说得菲娅脸红起来，她撒娇地说："妈妈，你又说我！那我不说了！"

鑫鑫见状连忙伸手拉着菲娅哄道："你说呀，有什么主意，我们可都等着听呢。"

妈妈也催促菲娅，菲娅才说："我爸爸常说，做人不能只想着自己，要想到我们身边还有一些生活贫困的孩子，他们或许连饭都吃不饱，根本没有机会读书，更不会有零花钱，所以，我的零花钱中有一部分是用来帮助这些穷孩子、做善事的。我建议鑫鑫也把她的零花钱拿出一部分来做善事！"

菲娅的提议立即得到了善良的鑫鑫和妈妈的一致赞成。这天是鑫鑫赚钱以来最快活的一天，她再也不用因为担心妈妈反对而发愁了。

四、用零花钱"储蓄"一个愿望

有菲娅做朋友，真是什么事都不用操心。她的智力水平确

实比鑫鑫高出许多，事事都能想得周到。鑫鑫现在已经有了1365元钱了，这可是妈妈亲自数过的。面对这么多钱，鑫鑫期待地看着菲娅，她知道，菲娅会告诉她怎么做的。

果然，把这个数字记在一个小本子上后，菲娅郑重地问鑫鑫："你有什么愿望吗，鑫鑫？就是那种你非常想做到，却暂时无法满足的愿望。不管是可望而不可及的幻想，还是需要时间、能力和金钱才能实现的理想或是梦想，你都可以说出来，这对于如何管理我们的钱非常重要。"

"幻想也行吗？可是我一时想不出来呀！"鑫鑫为难地说。

"我并不要你立即就说出来，你好好想想吧，可以明天，也可以后天告诉我，我们再根据你的愿望制定一个理财方案。理财是件很复杂的事，每个人的情况不同，理财方案也不同，一个方案对于你来说，也许是成功的，但是如果我全盘照搬就很可能会失败。至于为什么会这样，我也说不清楚，但是可以肯定的是，根据自身情况制定理财方案的做法是非常有必要的。在我和哥哥很小的时候，爸爸就开始观察我们的智商、情商和性格差异，为我们制定了不同的方案了。"提起爸爸，菲娅总是有一种自豪感。

"好吧，明天我会把所有的想法都告诉你。"鑫鑫一脸的信任。

第二天晚上，答案揭晓了。鑫鑫把一张纸交给了菲娅，然

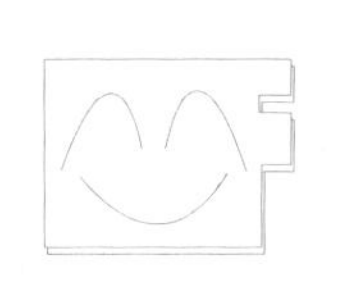

后什么也没有说，只是有些忧郁地看着她。菲娅仔细地读着:最大的愿望——去英国。第二大愿望——建一个世界上最好的幼儿园。“你的愿望好奇怪，为什么要去英国？”菲娅满脸疑惑地问，“你不如去金星，那是宇宙中最好的地方！”

“我是想……”鑫鑫有些忧伤地低下头，沉吟了一下，又抬起头，说，“我想去找爸爸，在我出生后不久，爸爸就去英国留学了。可是三年前，有一天晚上，妈妈哭得很伤心，说爸爸不回来了，他不要我和妈妈了。从那以后，妈妈不许我再提爸爸。可是，我一直想去英国找到他，问问他为什么不肯回来，为什么不要我们了！”鑫鑫说着，眼圈红了，有泪水在眼眶里打转。虽然她对爸爸并没有什么感情，也根本不记得爸爸的样子，但是妈妈伤心的样子，和在爸爸怀里撒娇的孩子那一脸幸福的样子，在她幼小的心灵里已经留下了深刻的烙印。因此，找回爸爸，赢得爸爸的爱成了埋藏在她心里的最大的愿望。

看到她这么伤心，菲娅想到父王对自己的疼爱，也不禁伤感起来，怪不得鑫鑫和妈妈从来不提鑫鑫爸爸，原来还有这么多隐情在里面，她决定不再提这件事，但一定要帮鑫鑫实现这个愿望！想到这儿，她怕好友太伤心，就有意岔开了话题，问:“那你的第二个愿望呢，是怎么回事呢？”

“我想建一个世界上最好的幼儿园，照顾所有妈妈没有时间照顾的小孩子，让他们不感觉到孤单，即使父母不在的时

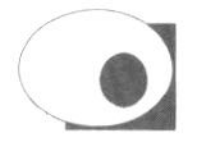

候，也让他们感受到爸爸妈妈的爱。”

“你是个多么有爱心的孩子啊，”菲娅由衷地赞叹道。鑫鑫的脸上飞起了两块红云。菲娅拉着鑫鑫的手，一脸真诚地说，“好鑫鑫，我们先选择一个最重要的愿望，然后我们要将零花钱中占比例最多的一部分用来实现它——明天我们到银行去开个账户吧，选一个能让我们在最短时间里去英国的储蓄方式，把50%的零花钱存进去。这些钱存进去后，除非发生异常紧急的事，否则不要轻易地去动它，要时刻记住它只有一个用途——实现你的英国之梦。”

鑫鑫赞成地点点头，数出700元放在一边，准备明天存进银行。看着这些钱，她觉得自己一下子长大了许多，一个美丽的梦正在向她招手。

五、合理分配零花钱

菲娅把余下的600元钱分成10%和90%两份，10%的一份

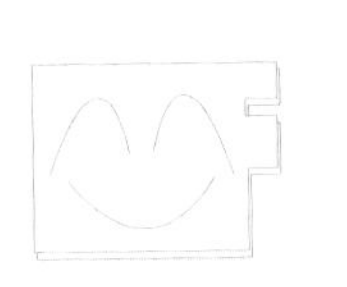

装进大信封里，她边放边问鑫鑫："这一份是准备以后做善事的，你想没想过做什么善事？"

"你可以先告诉我什么是善事吗？"鑫鑫好奇地问。

"就是帮助那些穷苦的，或是疾病缠身的弱者。用这些钱为他们减轻些痛苦，或是让他们生活得稍稍好一些……好像就是这样了。——我哥哥最喜欢帮助那些无家可归的小恐龙；我最喜欢送书或是硬币给那些穷孩子。——做善事会让你非常快乐，而'钱'本身是无法让你得到快乐的！"

鑫鑫眼前浮现出学校宣传板上贫困山区希望小学的孩子们坐在山岗上读书的照片，这些与她年纪相仿的孩子们瞪着渴求的大眼睛，给鑫鑫留下了深刻印象。所以当弄懂了"做善事"的涵义后，她准备在月底把这些钱捐给希望小学。

虽然鑫鑫并没有说出口，但菲娅已经了解了她的想法，所以并没有追问下去，而是说："这90%的一份是用来支付日常花销的费用，就把这份装进桌子上的小猪扑满里吧。"

以前，鑫鑫妈妈在家的时候，菲娅总是化作小猪扑满的样子，但是现在，她已经成了鑫鑫妈妈的第二个女儿，所以根本不必再用这个障眼法了。不过，小屋里的桌子上依然有一个她变出来的小猪扑满，无言地看着小屋里的两个快活的小

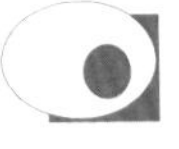

姑娘。它可是一个真正的储蓄罐呢。

鑫鑫默默地看着她分，等她分完后，鑫鑫就一声不吭地将小猪肚子里的钱都拿了出来，重新平均分成了两份,并将其中的一份放进了从金星带回来的硬币盒里。她的举动让菲娅愣住了:“你这是想做什么呢，我的好鑫鑫?”菲娅一点都不明白鑫鑫想做什么，可是话音刚落，她的眼眶就湿润了，因为她立即了解了鑫鑫的想法。

果然，只听鑫鑫说:“你是我最好的朋友，记得我们认识的第一天，因为没有硬币给你吃，我还以为你饿死了呢，当时我伤心极了，所以当你活过来的时候，我就想:再也不能让你挨饿了。盒子里的硬币毕竟有限，很快就会吃完的，所以，我要每个月都分给你一些，我可不想让我最好的朋友饿着肚子。”

菲娅本来已经感应到了鑫鑫的心理活动，但是当这些话从鑫鑫的口中说出来后，她依然感动得一把抱住鑫鑫，不知道说什么才好，她从心底里喜欢这个可爱的地球小姑娘，把她当成自己的亲姐妹一样。以前，她只知道地球人很蠢，现在她却感觉到地球人非常有人情味，而且也极其亲切，有爱心。半晌，她才哽咽着说:“你呀真是细心，不过，父王已经猜出你是要送我这些硬币，所以他施了法术，这个盒子里的硬币会长的，我永远也吃不完!你不用再惦记我。”

由于鑫鑫坚持要将这一份钱留给菲娅，菲娅最后决定把它作为备用金先存放在自己这里，也就是说，如果以后日常开

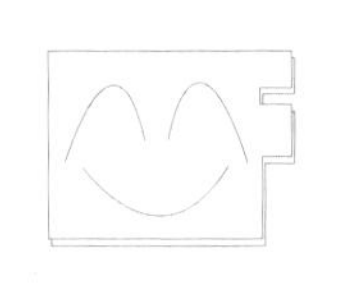

销不足时，可以从这里补上；或是哪个月存进银行的钱不够时，也可以从这里补上；再或者急需用钱，却一时拿不出时，还可以动用这笔钱。总之，这一部分钱没有确切的用途，可以灵活机动地使用，但必须得有正当用途，不能浪费。

第二天是周日，鑫鑫央求妈妈带着她和菲娅去银行存钱。

妈妈问鑫鑫打算存多少，鑫鑫回答说存一半。妈妈没说什么，但看得出有些不高兴。原来，是不太放心，但是作为家长，她很希望鑫鑫能把所有钱都存起来。而且，存进银行还可以“吃利息”，这是多好的事呀。已经答应了的事又不能反悔，因而听鑫鑫说只存一半时，她有些

失望，但却忍着没有开口。

妈妈自以为掩饰得很好，但却忘记了菲娅并不是普通的地球孩子，她能探知别人的思维活动，甚至能随时了解对方的心理状态，因而妈妈的这点心思变化哪里瞒得了她呢！

于是，菲娅拉着妈妈的手说："妈妈，在我们金星，理财师通常会建议孩子每个月将零花钱的25%存起来，当然也可以按家庭情况、孩子的性格、学校环境等多种因素具体规定。但25%可以说是最常采用的比例。这是因为理财师们通常要求大人将收入的10%存起来，对于大人来说，这已经很难做到了，因为他们总是有好多要花钱的地方。如果给孩子定的存款比例太低，等他们长大后就会觉得10%的目标很难达到。"

妈妈听到这儿，马上接口道："是啊，所以说要定得高些才好！而且小孩子并没有什么要花钱的地方，多存一些应该没有什么关系。"

"定得高些确实有好处，但这个比例必须掌握得好。如果让小孩子将所有的钱都存起来，那么零花钱就失去了它的意义，孩子的财商很难提高不说，孩子也会感到很失望。"菲娅没有让妈妈接着说下去，而是很快就接过话头说，"即使没有全存上，但倘若留出来的钱还不够孩子在街角的商店买东西或是吃零食，他就有可能偷偷地从自己的小储钱罐拿钱，那就会毁掉整个储蓄计划；他也可能会以种种理由找父母要更多的钱，或是想方设法偷别人的钱。这样一来，存钱反倒害了孩子！所以，理

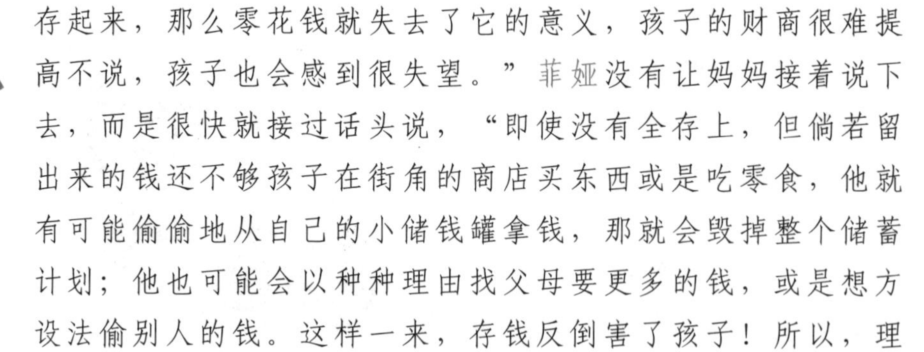

财师才会给孩子定下这样一个储蓄比例，它能帮助孩子成为理财能手并在经济上独立。最重要的是，很多父母都非常喜欢这个比例，因为这样一来，他们就不必为了资助儿女的生活而动用自己的长期储蓄了。”

“你这丫头，怎么会懂得这么多事，说起什么都头头是道的，比我这个大人都强百倍，我说不过你。那你怎么没说让鑫鑫存25%，反而存了50%？”妈妈确实是打心眼里佩服菲娅的口才，尤其是在涉及到钱的问题时，菲娅更算是个权威了！

让妈妈这一夸，菲娅脸上腾起了红云，她羞涩地摇摇妈妈的手，撒娇地说：“妈妈，你笑话我了。这仅仅是金星人比较注重财商教育，孩子接触钱比地球孩子早一些罢了。而且，我们金星人都过目不忘，所以我实际上是把在金星上看过的财商专家的论文‘现炒现卖’呢！——鑫鑫是想实现……一个愿望，所以才决定存进50%，这是她根据自己的情况决定的，为了能早日实现这个愿望，我支持她！”

鑫鑫和菲娅互相看着对方，心有灵犀地点点头，笑了。妈妈也笑了，有菲娅在女儿跟前，女儿懂事了不少，也长大了不少，她还有什么不知足的呢？她决定下午就带两个孩子去银行。

第六章 鑫鑫开始学财务知识

一、存款可以获得利息

下午，妈妈带着一对开心的姐妹花去存钱了。对于怎么选银行，妈妈可是非常有经验的。她告诉菲娅和鑫鑫，找一家合法、正规的国家银行是存钱的第一步。很快，妈妈带她们来到离家较远的繁华路段上，走进了一家看上去规模很大的工商银行，妈妈将墙上悬挂的中国人民银行准予开业的《金融机构营业许可证》和工商行政管理部门制发的《营业执照》指给两个宝宝看，并说："只要有这两证，

就证明这是家合法开业的国有银行，信誉好、管理正规。而且在这么繁华的地方，不会轻易地搬迁撤并，我们就把钱存在这儿好了。"

"你们看，那有一个小小的摄像头，这说明这里有电视监控，万一你的存折或是身份证丢了，存款就有可能会被人冒领。发生这种事情时，你必须及时到银行来挂失，银行可以

通过监控录像协助警方查找冒领人。这样就为存款增加了一些安全性。如果发生存、取款差错，通过监控录像还可以查清责任。”妈妈说着，在窗口处的一叠纸中抽出一张交给鑫鑫。

鑫鑫和菲娅立即将两颗小脑袋凑在一起，看了起来。原来，上面写的是银行存款小常识。

存款方式、特点和利息计算方法：

<table>
<tr><td rowspan="2">存储方式</td><td>活期</td><td></td><td colspan="2">凭折存取，每年结息。
不订期限，随存随取，灵活方便。</td></tr>
<tr><td>定期</td><td>零存整取
整存整取</td><td>固定存额，每月存储，到期支取本息。
整笔存入，订明期限，到期支取本息。</td><td>利息=本金×利率×时间
100×2.52%×3=7.56(元)
7.56×(1－20%)=6.05(元)</td></tr>
</table>

看到这儿，鑫鑫抬头问妈妈：“这里写着三种存款方式，我们选哪种呀？”妈妈还没有回答，菲娅已经挤到了窗口，去向坐在里面的办事员阿姨询问这几种存款方式有什么不同了。于是妈妈和鑫鑫都没再说话，一起听办事员怎么回答。

办事员阿姨说：“定期也叫死期，是规定了支取期限的存款方式，有半年期、一年期、三年期和五年期等。这种存款方式利息比活期高一些，但不能随时存取，只能按约定期限支取，要是想提前支取就得按活期存款计息；而活期的可以随时存取，很方便，美中不足的是利息低！”

"原来是这样，那……"鑫鑫有点犹豫了，她问，"阿姨，我看这个小册子上写着'本息'，能给我们说说'本息'是怎么回事吗？"

那个阿姨看了看鑫鑫，又看了看她手指着的小册子，耐心地说:"小朋友，我这样和你说吧，如果你打算存入银行100元钱，那么这100元就叫'本金'；如果你存了一年，到期多得了8.64元，那么这8.64元就是'利息'。"

"还能得到利息，这可真是好事！怪不得菲娅一再让我存钱呢！我还以为就是把钱放在这儿，每个月存一回，最后一起拿回来，省得自己放在家里总忍不住想花呢！原来还可以拿利息，让钱变多，这可真是件好事！"鑫鑫兴奋地大声说着，说得妈妈、菲娅和办事员阿姨都笑了起来。鑫鑫又转向阿姨问，"那我可拿到多少利息呀？"

看到她这么天真可爱，阿姨耐心地说:"想知道利息是多少，有个公式:利息＝本金×利率×时间。"看到鑫鑫不知道利率是怎么回事，阿姨特意又解释了一下，"利率就是存钱的利息与本金的比。它是银行统一规定的，而且国家会根据经济发展的变化进行调整。你手中的小册子上有个表格，你可以看看。"

鑫鑫和菲娅在低头看表格，妈妈探头进窗口问阿姨:"现在是不是还有个利息税？"

阿姨回答说:"1999年国家规定，存款时，要按利息的20%缴纳利息税。储户拿到手的利息实际上是税后利息。如果你要给孩子储蓄的话，不如存教育储蓄吧，可以免征利息税

的。”随后，阿姨递给妈妈一个小册子，上面详细地介绍了教育储蓄的特点。

妈妈、鑫鑫和菲娅仔细地读了小册子，原来个人储蓄是要交纳一部分钱给国家的，这部分钱就叫做税。每个公民都有纳税的义务。最后，她们一致认为利率高、实行利率优惠的教育储蓄最适合“储蓄愿望”。因为教育储蓄是零存整取式的一种定期储蓄，但却按整存整取存款的利率计息，可以按自己的需要存一年、三年，或是六年，在到期支取时，还可以免征储蓄存款利息所得税。相对来说，可以算是比较“划得来”的一种存款方式了。因而妈妈给鑫鑫存了700元，存6年期，并和银行约好每个月存300元。妈妈想，每个月存300元对于一个孩子来说，可能有些压力，如果鑫鑫哪个月没有钱存，她完全可以帮忙存上。既然能通过这个方法给孩子把钱留住了，自己又何乐而不为呢？

二、储蓄不是最好的理财方式

从银行回来，妈妈直接去了菜场，菲娅和鑫鑫则直接回了家。鑫鑫拿着自己的存折看了又看，仿佛将自己的一颗小小的愿望正捧在手上。她打开抽屉，小心翼翼地将存折和银行

卡放了进去。

菲娅看到她这副充满憧憬的样子，想说什么又忍住了。鑫鑫根本没有注意到菲娅的表情变化，关好抽屉后，她坐到菲娅身边，兴致盎然地说："我终于有了自己的存款了，这些钱我永远也不动，直到我能去找爸爸。如果在这些年里我赚的钱越来越多，那我就到银行开更多的账户，把它们都存上。那样我就能更快地实现我的梦想了。"

"不，鑫鑫，把钱存进银行并不是最好的办法。"菲娅终于把自己的想法说出来了。"如果你真的想赚钱，想让钱变得越来越多，那么你就会发现，储蓄带来的利润并不像你想象的那么多。"

鑫鑫疑惑地看着菲娅，那表情似乎在问："既然它不是最好的办法，你为什么建议我去做呢？"

菲娅表情郑重地看着鑫鑫，说："我给你讲个故事吧。从前有个人，他辛苦地工作并赚了很多钱，在结婚的时候，他花十万元买了房子和土地；年老的时候，他已经没有力气工作了，不能再赚钱，幸好他手中还有能买一头奶牛的钱，他就把这些钱存进了银行，准备留给他最疼爱的孙子。他去世二十年后，他留下的房子和土地已经价值一百多万元了。他的孙子非常高兴，从银行中取出了爷爷留下的那些钱，钱真的变多了，毕竟存了二十年，可以得到好多的利息，然而，这些钱却只够买一杯牛奶！"

“什么？”鑫鑫惊讶地叫了起来，“这是为什么？难道有人在里面搞鬼？”

“没有，我的好鑫鑫。”菲娅严肃地说，“是通货膨胀。”

“通货……膨胀……是什么？是像气球一样膨胀吗？”

“在我还不是很大的时候，我们金星上发生过一次这种事，我只记得当时的东西特别贵，爸爸命人铸造了好多钱币，市场上流通的东西不见多，可是物价却一直在上涨。后来爸爸说是发行的钱太多了造成的通货膨胀，于是我就记住了这个词儿。不过，因为我那时很小，所以到底是怎么回事儿，我还说不清楚。但是爸爸说过，地球上的通货膨胀很严重，如果让他到地球上来进行投资，他会选择买房地产——也就是房子和土地——等它们增值再卖出去来赚钱，而不会将钱存进银行。而且……”

菲娅没有再说下去，她看出鑫鑫的头脑里正一片混乱，根本不明白什么通货膨胀、房地产，所以她打住了话头。谁想鑫鑫却催她道：“而且什么？”

菲娅轻轻地叹了口气说：“你不记得今天存钱时，储蓄员说了什么吗？”见鑫鑫轻轻地摇了摇头，菲娅接着说：“她说，要按利息的20%缴纳利息税。”

“是的，我听到了，可是这代表什么呢？”鑫鑫依然是一脸茫然。

“就是要将你的收益中的一小部分上缴给国家，你存的钱

越多，缴的也越多。——你别急，”菲娅看出鑫鑫想要开口，也知道她要说什么，就抢先说，“我只是说存款并不能给你带来最大的收益，但没有说存款不好。因为对于你这样小的孩子来说，它不仅能促使你攒钱，不乱花，而且你还不必为它放在家里不安全而担心。但是当你长大后，你就要放弃这种被动的理财方式，而是要投资——用钱去生钱——那才是最好的赚钱方法呢！”

鑫鑫陷入了沉思，她一下子根本不理解菲娅说的通货膨胀和纳税，这一方面是因为她太小，另一方面也因为菲娅本身并没有说清，但鑫鑫记住了一句：当你长大后，就要去投资。鑫鑫决心要尽快学会各种财务知识，早些学会自己理财，实现投资赚钱的梦想。

三、为什么要做预算和记账

和鑫鑫一起收拾柜子的时候，眼尖的菲娅一下子发现柜子

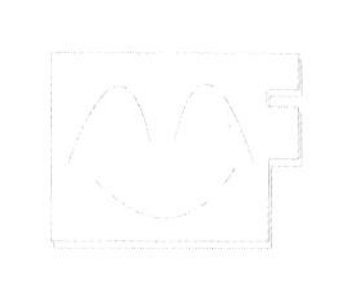

的抽屉里有个崭新的硬皮本，粉红色的皮上有个美丽的卡通小姑娘。她问鑫鑫："我可以看看它吗？"鑫鑫一边点头一边伸手将本子拿出来交给了菲娅。菲娅边翻边高兴地说："我正想建议你买个本子记账呢，看来，用这个就可以了。"

一提"记账"两个字，鑫鑫一下子想起去年的一件事儿。当时，班里的几个孩子总在课间买零食和玩具，在上课时就一边吃一边玩儿，根本不认真听课。老师问他们为什么会有那么多钱，他们说是过年时爷爷奶奶给的压岁钱。于是老师就建议他们准备个小账本，可是好像没有哪个同学真的准备过！

菲娅拉着鑫鑫坐在床边，说："每个孩子有了零花钱之后，都要有个小账本，记下钱的来源和花掉的原因，这样才能更合理地花钱。来吧，我们在本子上分出项目。"

鑫鑫找来了笔和尺子。她打开本子，在第一页上端端正正写地下了"鑫鑫的零花钱账本"几个字，然后把笔交给了菲娅。菲娅在第二页的顶端写上了"本周预计收支"四个字，然后在下面画表格，分出"项目、时间，预计支出额"三项，然后在第三页顶端写上"本周实际收支"，又在下面画了一个表格，分出"时间、摘要、收入、支出、结余"五项。画完后，她开始给鑫鑫详细地讲解每个表的用途：

预计收支表是用来做预算用的。每个周末的晚上，你都要想想这一周自己可能会有哪些需要花钱的地方，大约需要花多少钱，有可能会在哪天花这些钱，然后把这些想法逐一记在第二页的预计收支表中。比如这一周要买练习本，你就可以先想好要买几个才够用，要花多少钱，打算哪天去买；或是这一周需要交给学校多少快餐费，等等。有了这些计划，可以预先对本周能花多少钱做到心中有数，还可以根据自己实际有多少钱来做计划，免得一周之初乱买一气，钱花光了才发现还有重要的东西没买。

而当每天你确实地将这些钱花出去后，就要逐一地将它们记在第三页的实际收支额表中，“时间栏”写花钱的日期；“摘要栏”写你用这些钱做了什么；“支出栏”写花出去的钱数；“结余栏”是写花过这笔钱后你还剩下多少钱。每周末晚上将账和钱对一下，看看是不是相符。同时仔细察看账上花钱的原因，看看是不是有超出计划的花销、重复的花销、可以节省下来的花销，并可以看出自己在哪方面花钱最多。当然你在哪一天收入多少钱，也要相应地记在收入栏里。然后每个月还要进行一次月计，把每月的余额写在结余栏里。

通过这个账本，家长能一目了然地看清孩子的钱花得是不是合理。对于孩子来说，记账不仅能使他懂得金钱的价值，对自己的钱心中有数，而且不会盲目花钱。最重要的是，这个账本能让孩子看清自己到底是收入多还是支出多，知道今天可以花多少钱，并预算出还需要预存多少钱，才能实现自己的愿望。可以说，这个账本就是一个资金流量表，让孩子懂得最浅显的预算和资金流转，锻炼自己作出正确决定的能

力。

通过菲娅的介绍和帮助，鑫鑫懂得了记账对于理财的重要性，她捏着笔冥思苦想起来，把自己这一周要买什么东西，或是可能会出现的花销在心里一一做着打算，然后开始有板有眼地填在预支表里。

四、一定要分清资产和负债

看着小鑫鑫一本正经的样子，菲娅想起了爸爸曾跟她说过的话：生活离不开学习，如果你想在生活中不为财务问题伤脑筋，那就不能只学科学文化，还要学些财务知识。不懂得资产和负债的区别，就很难确定自己应该如何努力，以及怎样把握自己的投资方向。当你通过投资获得收益后，如果连财务报表都看不懂，那么很快就会输得连印财务报表的钱都没有！

想到这儿，菲娅轻轻地说："鑫鑫，我们一起来学习一些财务知识吧，我爸爸曾告诉我，有的人会赚钱，但却留不住钱，他们常常满怀希望地用钱换回一些自认为是资产的债

务，然后赔得精光。但如果学些财务知识，就能避免成为这样的人。”

对于菲娅在理财方面的“博学”，鑫鑫从心底里佩服。她静静地看着菲娅，等她说下去。菲娅问：“你知道什么是资产吗？”

鑫鑫刚想摇头，可又想起了什么，于是说：“啊，我知道，妈妈说过，我们家贷款买的这幢房子，就是我们最值钱的资产。”

这下，轮到菲娅摇头了。因为她的爸爸曾说过这个问题:很多人都把贷款买的房子、车子当成自己的资产，不断地对这些“资产”进行投资，结果却背上了一大堆债务。究其原因，是混淆了资产与负债的概念。爸爸说过，能让钱不断地流进你的口袋的是资产，而将钱从你的口袋中拿走的就是负债了。

菲娅在纸上画了一个图，正如当初爸爸给她画的图一样。

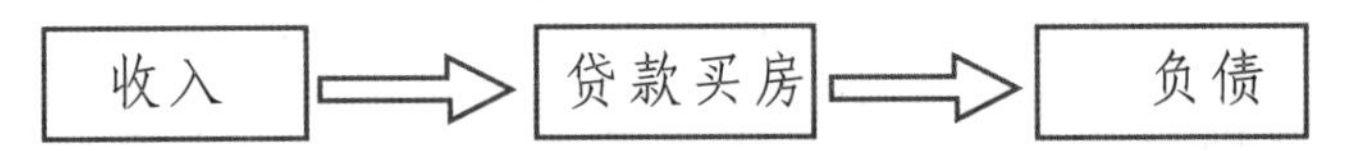

“第一个框代表妈妈辛苦工作赚到的钱，当妈妈办了贷款买房后，她要拿出一部分钱来付房子的首期款，那么这部分钱就从妈妈的口袋中流出去了。很多人在付了这些钱后，觉得自己这是进行了投资，就心安理得地把它当成资产了。妈妈显然和他们犯了同样的错误。因为你可以从上面的图中看

到:在我们住进房子后，钱依然源源不断地从妈妈的口袋里流出去，直到妈妈事先约好的付完年限。贷款是要付利息的，妈妈要付的钱远远比房子本身的价格要高得多。有时，为了按时付贷款，好多人不得不去办理其他贷款或是借更多债，这样一来，就更加陷入债务的泥沼中不能脱身了。下面我们再看一个图吧。”菲娅随手又在纸上画了一个图:

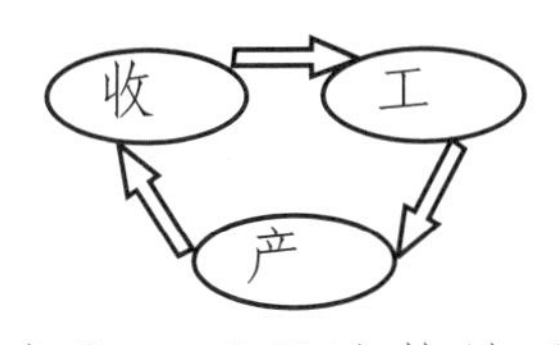

“通过这个图，我们可以很清楚地看清什么是资产。很多富人投资开工厂，他要把口袋里的钱拿出来:建厂房、买机器、买原材料，还要雇工人为他工作。从表面看，钱从他的口袋里流走了，然而，工厂生产出来的产品投放市场后，就可以卖好多钱，比他投入的钱要多得多，不仅原来投入的钱重新流回了他的口袋，那些卖产品赚的钱也流了进去。我想，你应该明白什么是资产了吧！”菲娅一边解释，一边仔细地观察着鑫鑫的表情，她从鑫鑫的大脑思维中已经接收到了信息:鑫鑫已经有些明白了。于是她又继续说下去:“另外，图中的箭头方向表明了钱的流动方向，爸爸称它为现金流。一份正常的财务报表并不是由这样的图构成的，这只是爸爸为了让我能弄懂而做的简化图。正常的财务报表中是密密麻麻的数字，但数字是多少对现在的我们来说意义并不大，我们要懂的是数字所要传达给我们的东西:即钱在

向哪儿流。爸爸说过:只有流动的钱才能为我们带来更多的钱，这就是活钱！”

“原来钱就像水一样，水流到哪儿，哪儿就有生命，绿盈盈的。而水流走的地方就会干枯一片。看来，我们要做的，就是让钱流进我们的口袋，而不是流出去。对吗？”

“太对了，鑫鑫，你真的是地球上最聪明的小女孩！等我回家时，一定要带你到金星去，让金星人知道，地球人其实也是非常聪明的！”

“好啊，好啊，我做梦还去过一次呢！”鑫鑫高兴地拉着菲娅，两个人在地上又跳又叫，开心极了。

菲娅记得爸爸说过:当你的现金流增加时，你可以买点儿奢侈品享受一下。富人总是先投资，买入资产，最后才用资产带来的收人买奢侈的东西去享受，他们因而越来越富；而穷人在手头攒下些血汗钱或是接受一笔遗产时，就会抵御不了欲望的诱惑，会先买下诸如豪宅、珠宝、皮衣等奢侈品，因为他们做梦都想成为富人。但他们没料到的是，这些奢侈品往往会增加他们的支出，让他们深陷贷款的陷阱之中，负更多的债，因而他们成为富人的愿望只能是一个梦。

菲娅把这些告诉了鑫鑫，鑫鑫则把它们深深地记在了脑海里。

第七章 鑫鑫成了同学们的偶像

一、小小图书馆 租书也能赚钱

自从与银行有了存款约定，鑫鑫更加把赚钱放在心上了。她深刻地理解了智商和财商的重要性，所以学习一直很努力。她和菲娅平时最喜欢去图书馆，沉浸在书带给她们的快乐中。每次去，鑫鑫都要买上一两本书，晚上做完功课后，她和菲娅就一人捧一本开始读，不仅增长了很多知识，也让她们获得了很多乐趣。

这一天是周五，学校只上半天课。放学后，鑫鑫自己乘车回了家。当然，菲娅和她在一起——化成了一枚蝴蝶发针插在她的头发里。回到家，菲娅就不再隐形，而是和鑫鑫一起看书、写作业。当鑫鑫的作业快要做完的时候，屋外传来了一阵敲门声，是妮妮和另外两个同学来做客了。妮妮看见屋里居然有两个鑫鑫，惊愕得说不出话来了。鑫鑫红着脸不知道怎么介绍才好。机

灵的菲娅早就认识了妮妮，她故意顽皮地走上前，用手挽着鑫鑫说："我叫菲娅，是鑫鑫最好的朋友，我来自金星！"

妮妮本来是想和那两个同学一起去网吧玩，可是网吧老板看他们太小不让进去，他们又不想回家写作业，那到哪儿去消磨这一下午时间呢？妮妮忽然想起鑫鑫家就在附近住，便带着两个同学一起找来了。菲娅的一句"我来自金星"勾起了她的好奇心，可第一次见面她又不好意思多问，就在屋里随意地走动着。

鑫鑫收起了作业，找出些糖果招待同学。妮妮忽然看到小桌子上挨着小猪扑满摆着好多书，便惊呼着："呀，你家居然有这么多书呀，好像是个小书店哪！我要看一本！"说着，她伸手抽出一本《海尔兄弟》，饶有兴趣地翻看起来，不一会儿就被书里的内容吸引了。鑫鑫见状，便给另外两个同学也各拿了一本书让他们看，她自己则写起作业来。直到鑫鑫的妈妈下班回来，妮妮才和那两个同学一起告辞。临走时，妮妮因为书没有看完，就提出要借那本《海尔兄弟》回家看，周一上学再还给鑫鑫。鑫鑫说："好的，你可以拿回去看，但希望你保管好，不要弄坏它，周一一定要还给我。"妮妮答应了。

周一，妮妮如期地将书还给鑫鑫，并说想在放学后还到她家去看书。鑫鑫点点头，答应了。放学后，妮妮如期而至，令鑫鑫惊讶的是，与妮妮同来的还有十几个同学，原来他们听说鑫鑫家有好多书可以看，还有一个据说是来自金星的朋友，居然和鑫鑫长得一模一样，大家都很好奇，就一起结伴来了。菲娅很活泼，同学们很快就和她混熟了。大家看她和地球孩子没有什么区别，都以为她和妮妮说的是玩笑话，所

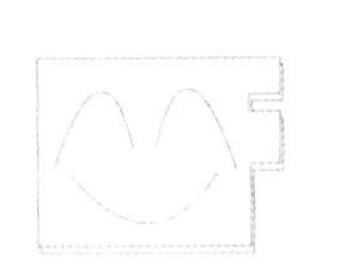

以兴趣都转移到鑫鑫的书上，大家你一本我一本地选了自己喜欢的书，然后随意找个地方坐下来看。

天晚了，鑫鑫的妈妈就要回来了，同学们都准备告辞。这一回，有七八个同学想把书拿回去看。鑫鑫还没有开口答应，菲娅就一把将她拉到自己的身后，对同学们说："大家喜欢这些书，我们很高兴，不过这些书是鑫鑫用自己的零花钱买回来的，第本书都花了她了十几元，有的二十多元呢，如果大家拿回去不小心弄丢了或是弄坏了，鑫鑫的妈妈要批评她的。所以如果你们愿意在鑫鑫家看，看一本就交5角钱；如果愿意拿回去看，就在我这打个条儿，写上自己的名字和借书时间，然后交1元钱租金吧。1元钱并不多，还不到买书钱的十分之一呢。大家觉得怎么样呢？"

听了菲娅的话，大家互相看了看。妮妮根本不拿块儿八角的钱当回事，她大方地说："那好吧，毕竟鑫鑫也是花钱买的，我们只花一元钱就能看，已经很划算了。我觉得这个办法挺好的。"说着，她率先在菲娅手中的小本子上签了名，做了登记，其他同学随后也都做了登记，并一一交了钱。

送走了同学们，鑫鑫一脸不高兴地埋怨菲娅，她觉得菲娅这样做太过分了，同学们背地里肯定骂自己太小气，这不成了唯利是图了吗？

菲娅却振振有词地说："鑫鑫，你的书是不是花钱买来的？"

"当然是！"鑫鑫气呼呼地回答。

“既然你是花钱买来的，也就是说你付出了本金——成本，书读的次数多了是会损坏的，如果书坏了，你就蒙受损失！你又不是开公益图书馆……”

“是的……不用说了，菲娅，我明白了，我可以通过收取一点租金赚钱，再添更多的书给同学们看，所以同学们不会怪我的！”

从此，每天放学后，总有些同学来鑫鑫家看书，班里的同学很少再有去网吧或是游戏厅里玩的。大家都亲切地把鑫鑫的家称为鑫鑫图书馆，鑫鑫自然成了小小的馆长！小小的图书馆把同学们吸引到了一起，大家有了相同的爱好和话题，同学间闹矛盾的少了，交流的多了，看到孩子们的知识面得到了拓展，阅读能力、表达能力都得到了提高，学习成绩也都提高了，这让老师和家长感到非常欣慰。很多家长听说孩子要零钱是为了读书，给孩子钱时都很痛快。

菲娅是个非常称职的图书管理员，她负责登记收费、发放图书。每天晚上写完作业后，鑫鑫就和菲娅一起数这一天赚到的钱，然后记账。小小的图书馆越办越红火，鑫鑫的银行存款在逐渐增加，她成了同学们心中的偶像。

二、情感投资会带来更多收益

每天都有十几个同学来鑫鑫图书馆里看书，有时甚至会有

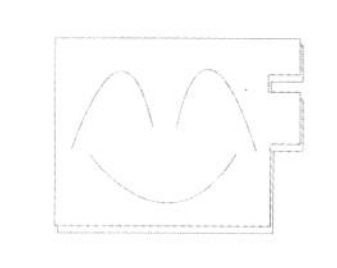

二十多个孩子一起来，两个房间的床和椅子根本不够坐，大多数同学把学校里的椅垫带来，看书时就席地而坐。

一天晚上，鑫鑫和菲娅商量，要拿出些钱买十几把可以折叠的小椅子，让来看书的同学们坐。鑫鑫的想法刚一提出，就得到了菲娅的赞成，菲娅高兴地说："真看不出，你还会情感投资呢！看来真不能小瞧你，你的财商和情商都进步飞速呀！"鑫鑫让菲娅说得不好意思了。她红着脸说："你真讨厌，居然取笑我！我哪儿知道什么情感投资，我连什么是投资都不是很清楚，不过是想让同学们看书时舒服一些……你给我讲讲吧，到底什么是投资。""投资实际上就是用少量的钱去换回更多的钱的一个过程——至少我是这样理解的。"菲娅拿起一本书，向着鑫鑫晃晃说，"我们买这些书，再把它们租给你的同学们，从中赚取租金的这个过程，就是个投资的过程。而你主张买的小椅子，虽然不会给我们带来直接的利润，但却可以让同学们看书时更舒服，也会激发同学们看书的热情。同学们会因为喜欢小椅子或是感谢你的真诚而留下来看书，可能本来不想看书的或是因为没有地方坐而打算中断看书的都会留下来，这样就会间接地增加我们的租金收入。所以我把它叫做情感投资。你的想法非常好！"

菲娅的称赞让鑫鑫得意起来，她又滔滔不绝地说起自己的想法：每天都准备些糖果和小点心，免得同学们因为放学后肚子饿而放弃看书。当然，温开水就更不能少了。自己平时

到别人家做客，总会受到人家热情的招待，所以也想让同学们感觉到自己的热情。当然，如果因为这份热情而增加了同学们来这儿读书的兴趣，让租金收入随之增加，那就更好了。

鑫鑫的这些想法都得到了菲娅的赞赏，菲娅一个劲地称赞鑫鑫善良、懂事。这让鑫鑫更加不好意思起来，她转变话题，让菲娅再给她讲讲什么是“情感投资”。菲娅兴之所至，就给鑫鑫讲起了她前两天看到的一本书中的故事。那本书叫《三国演义》，其中有一段故事写的是“刘备摔孩子”。刘备是三国时候的人，他非常懂得情感投资。当时他和一个叫曹操的人为了争皇帝的宝座而打仗。他们手下都有很多兵将，刘备手下的一名叫赵云的大将为了救刘备那还在襁褓中的儿子阿斗，在曹操大军的包围中七进七出，终于把小阿斗救了出来。当他把小阿斗送到主公刘备面前时，众人都以为刘备会接过这唯一的儿子百般疼爱，没想到，刘备接过小婴儿阿斗，却一伸双臂将他扔到了脚下，十分生气地说：“为了你，几乎损失了我一员大将，我还要你做什么！”其实，刘备天生胳膊就长，传说他站着时候，将双臂自然垂下来，手能伸到膝盖下面呢，所以他这一摔等于是伸直胳膊将孩子放在了地上，孩子又包在襁褓里，所以根本没受伤。然而在赵云看来，主公刘备为了他居然连亲生儿子都不爱惜，心中当然非常感动，于是坚定了追随刘备的决心，在场的其他文武随从认为刘备如此爱惜将士，感念他的仁德，也对他更加敬重，都忠心耿耿地辅佐刘备。可以说，刘备最终能当上蜀汉之君，和他善于情感投资有很大关系。

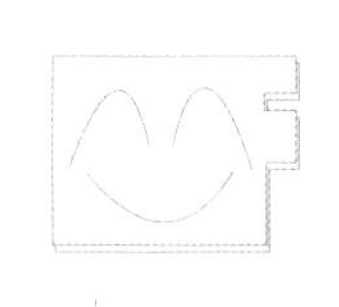

菲娅的故事让鑫鑫很兴奋，但她心里又有些不舒服。这个善良的小姑娘一向待人真诚，做事没有什么功利目的，没想到自己无意之中的举动居然会被菲娅分析得条条是道，但自己的真诚被菲娅拿故事这么一比，仿佛有所图了，这有些不满，觉得心意被歪曲了，所以有种失落的感觉。

菲娅看着鑫鑫的表情，已经了解了鑫鑫的想法，她笑着说："你又何必不开心呢。其实没有谁误解你，大家都能看出你的真诚，正是这真诚，才能留下你的朋友们。也正是由于这真诚，才会带来更多的收获。情感投资必须以真诚为条件，你以为虚情假意会骗来信任和友谊吗？你不必介意什么。既然这件事对你的朋友们大有益处，即使不会给你带来好处，你也会去做，难道不是吗？倘若它还能给你带来收益，那不就是锦上添花了吗？"

鑫鑫用力地点着头，菲娅总是能说服她，既然对大家都有益处，那何乐而不为呢？她高兴起来，又和菲娅说起了她的计划：她想再添些跳棋、五子棋等玩具，如果有同学看书累了或是不耐烦了，就可以下棋玩，这些棋也可以益智、开动脑筋，而且鑫鑫不打算在这上面收钱，所以相信会吸引不少同学。

三、用最小的支出换取最大的回报

听了鑫鑫的计划之后，菲娅也提出了自己的想法："我

想，我们不仅要买小椅子和各种棋，还要再添些书才行，现有的这些书，很多同学都已经看过了，很快就会失去兴趣的。如果没有了这些小读者，我们的小图书馆就要关门，和银行的约定就会出问题啦！”

鑫鑫边听边点头，她暗暗佩服菲娅想问题总比自己周到。她和菲娅翻着登记本，细心地找着被借阅次数较多的书目，又找出破损程度大的图书，她们想，如果哪本书被读得很旧了，那就说明同学们喜欢这种类型，应该投其所好，这种类型的书就要多买一些，还要买些课外读物以及学习辅导书。另外，学校里老师推荐的书目也应该买些，因为是老师推荐的，所以同学们都要读，相信大家更愿意在这儿借阅，因为只花上块儿八角的却能省下十几元，而鑫鑫也能轻松地赚一小笔呢。

两个小姑娘先将要买的书在纸上列出书目，然后一起到书店去看。在书店里，她们又发现了一些老师在学校里提到的名著，也一一列在单子上，并在书目后面标好了价格。超市就在书店隔壁，她们顺便看了几种小椅子，并分别记下了这些小椅子的特点和价钱。

回到家，两个小姑娘有些发愁了。书的价格都非常高，最便宜的十几元，如果有大彩图的就要三十几元，以前买书是每周买两三本，从没有一下子买十几本的时候，而现在要一下子拿出三四百元钱买书，真是好大一笔开销呢。小椅子的单价倒是不贵，可要是买二十把小椅子，也需要不少钱。最重要的是，怎

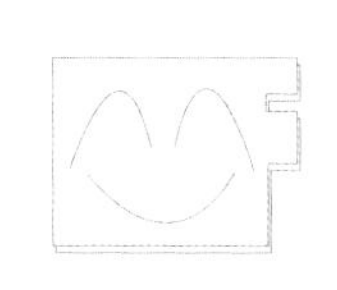

么把这些东西拿回家呢？

晚上，菲娅和鑫鑫吃完饭后并没有像往常一样直接回自己的小屋，她们想把这件事和妈妈商量一下，以得到妈妈的帮助。

然而，让她们没有想到的是，她们的问题一提出，就遭到了妈妈的反对。原来，这些天，天天有同学在家里看书，妈妈每天回来看到屋里乱七八糟、闹哄哄的，心里就烦。本来在外面工作了一整天就累得够呛，可回到家不仅没有办法休息，还得收拾房间、做饭，要是不烦就怪了。她早就不想让鑫鑫办什么图书馆了，不过是怕影响了鑫鑫和同学之间的友谊，也因为以前说过支持鑫鑫自己赚钱，才没有说出口。今天听到鑫鑫说有难处，正合她的心思，她一迭声地叫鑫鑫把图书馆关门大吉。

面对妈妈的“不合作”，鑫鑫和菲娅都没主意了。怎么办呢？

第二天放学后，又有同学来读书了。以前有些没有零钱租书读的同学，常常要菲娅记账，等月底让家长一起付。今天，又有两个女孩子没有钱。菲娅刚要记账，鑫鑫灵机一动，对这两个女同学说：“如果你们肯在同学们走后，帮我收拾一下房间，我想今天的账就不要记了，你们觉得可以吗？”

两个同学当然高兴，一个小小的协议就这样达成了。

可以想象，当妈妈回来看到房间又像以前一样整洁时，心里会有多么惊讶。最重要

的是，她懂得了孩子的良苦用心，所以没有再提什么图书馆关门的事，而是在饭后主动提出在周日带两个宝贝女儿去书城——批发图书的地方。

书城真是个好地方，鑫鑫发现在那里买书居然可以打折，有些书甚至可以打到五折。这让她和菲娅都非常兴奋。她们把单子上的书全都买了回来，却省了三分之一还要多的钱。妈妈又带着她们买了一些泡沫拼图式地板块儿，可以拼接在一起，厚厚的，铺在地上不仅隔凉，而且还很漂亮，坐上去软软的，舒服极了。这可比小椅子省空间，也便宜多了。

妈妈花了5元钱雇了一个人将书和地板都搬到了一辆出租车上，很快她们就回了家。车停到楼下后，妈妈又花了5元钱，雇人将这些东西搬到了七楼家里，那个人帮她们把地板铺好，连书都摆放得非常整齐，屋里看上去整洁而且温暖。原来这一切都这么容易解决！鑫鑫和菲娅心里真是乐开了花。

通过这次买东西，鑫鑫学会了“要用最少的支出获得最大的收益”这个道理，看来知识无处不在，无论是财商还是智商，都要不断地学习才能不断地提高呀。

四、世上没有赔本的买卖

现在，记账已经成了鑫鑫每天晚上睡觉前的一项必修课，今天晚上当然也不例外。鑫鑫把所有的花销一项项地记在小本子里的支出栏内，仔细地写明了时间和花销的摘要，又用上次钱的结余减去这一次花销的总数，然后把余额记在了结余栏里。

看着计划支出的数额与实际支出的数额对比，鑫鑫得意极了，居然能少花了三分之一的钱，看来买东西太有学问了！她拿起《唐诗三百首》，看着印刷精美的封面，又翻了翻目录，然后对菲娅说：“这本书是老师推荐给同学们读的，我们如果多批发几本这样的书，就可以用比书店稍稍便宜的价钱卖给想买书的同学。肯定比租书赚得多！你不这样认为吗？菲娅！”

菲娅拿过书来看了看标价，问：“这本书在新华书店要15元，我们是用10.50元，也就是七折价的钱买回来的。你认为卖多少钱合适？”

“卖多少？哪怕卖11元都合适呀，我们还赚5角呢，同学们肯定都会愿意买，多便宜呀！”鑫鑫一把抢回了书，大声说。

“真要卖11元，我们就赔了呀！我的小鑫鑫！你应该先算算我们的成本，然后再定价！如果这些书都像你这种卖法，不仅我们批发书的这点儿便宜没占着，连租金也赚不到了，梦想可真要搁浅了！”

“这是为什么？”鑫鑫听得糊涂了。明明是有钱可赚，为

什么菲娅反而说会赔呢？

“你可以先算一下，如果所有的书都按你的定价卖掉，我们能卖多少钱？也就是连本金带利润——啊，利润也就是你投入本金后赚到的钱——一共是多少钱。算出来告诉我。”

菲娅递给鑫鑫一个小计算器，鑫鑫的小手指飞快地按着键盘，不一会儿，她就报出了一个数。

“记住这个数，我可爱的小鑫鑫，现在你看看账本上我们实际花的钱数，把这个数告诉我。”

看着账本上的实际花销，鑫鑫愣住了，她抬起头，看到菲娅正冲着她笑笑。她有些困惑地自言自语道：“怎么回事，明明是赚钱的呀？”她又仔细地看着账本上的每一项，忽然惊叫起来：“我加错了，不应该把地板钱也加进去——你心里明白也不告诉我，你真坏……”她说着，作势要打菲娅。菲娅咯咯笑着躲开了。

“那你把地板钱减掉，再算算看！”菲娅提醒鑫鑫说。

鑫鑫很快又算了一遍，减去地板钱后居然只是持平！这样一来，她脸上不再有笑容了，而是一脸疑惑地说：“我明明给每本书都加了一些钱，可是算完后为什么还不赚钱呢？难道要把打车钱和雇人钱也减去吗？可是，这些并不是书钱呀？”

“不，”菲娅的表情严肃起来，“这些钱是因为买书才花的，必须算在书的成本里。也就是说，如果你想要卖某样东西，就要把买这样东西时投入

的资金全都算进去，因为它们构成了你的本金，也就是你的成本，在这个基础上，你必须按一定比例再加些钱然后卖出去，得到的钱减去你的成本才是利润。——如果你租房子开书店的话，就要在书钱上加上你的运输费、人工费、房租、水电费，还有你买小椅子的钱和点心及糖果的钱、当然，我后面说的这些房租、水电费等不是将所有的费用都加进去，而是要加平均数。——我只是让你了解个概念，明白你只在买书的实价上加一点钱为什么会赔钱。如果你要做买卖投资，计算成本是非常重要的一项。我前些天在书上看到一句话，‘世上没有赔本的买卖’，就是这个意思了。不计成本的投资只会让你越赔越多，赚钱就只是个梦！”

听到菲娅这样说，鑫鑫又拿起计算器按了起来。她边按边在心里盘算着：投资可真不是件容易的事儿，仅仅成本和利润就有这么大的学问，看来我真得好好学学了！不一会儿，她又说了几个数字，这一回菲娅很满意。

鑫鑫和菲娅选的书，果然很受同学们欢迎，有些同学主动问她们能不能把书卖给自己，于是她们让同学们报了自己想买的书的名字，然后去书城批了一些回来，以很便宜的价格出售，买的同学很多，而她们赚的钱也比只租书要多得多。从卖书开始，这一对姐妹花真正开始了投资生涯。

第八章、天下没有不散的宴席

一、来自宇宙的呼唤

这一天晚上，菲娅和鑫鑫挤在小屋的床上，一对姐妹花在被窝里嬉笑着，说着悄悄话，悄声细语地商量着怎样把小图书馆办得更让同学们喜欢。

不一会儿，鑫鑫先睡着了。菲娅也闭上了大眼睛，虽然她并不需要通过睡觉来恢复体力，但在和鑫鑫相处的日子里，她逐渐开始习惯于闭着眼睛思考。每晚鑫鑫睡觉后，她就仔细地回忆着爸爸曾教给她的理财知识，然后准备在适当的时

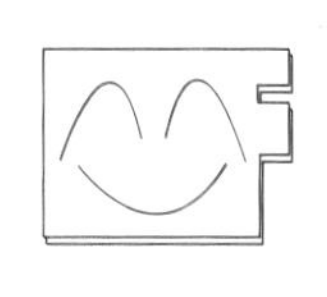

候教给鑫鑫，并让鑫鑫通过实践去学会它，验证它。

正躺着，菲娅仿佛听到了一个熟悉的声音，那声音是那么慈爱，那么亲切："菲娅，我的宝贝女儿，你该回来了……"

是爸爸！菲娅蓦地睁开了眼睛，爸爸充满爱怜的声音真切地传入耳中，他那慈祥的面容也随之映入脑海……难道假期结束了吗？这么快？此时的菲娅感到自己真的非常想念老父王，想念哥哥，想念那属于自己的星球。

"我这就回去，爸爸，我好想你！"菲娅以脑电波向宇宙中那颗遥远星球上的亲人发出了回应。此刻菲娅真是归心似箭呀！她翻身坐起来，一伸手，她的小飞船——UFO便静静地悬在屋中央，一团淡黄色的光芒温暖地笼罩着小屋，将小屋里的一切都照得清清楚楚。

正欲起身下床，菲娅一扭头，看到了酣睡的鑫鑫。她的心猛地一沉:难道就这么走了吗？怎么能不和自己的小伙伴告别就走呢？也许，自己离开地球后，就再没有机会回来，再没有机会来看望自己的小伙伴了，那么，如果就这样不辞而别，会是多么遗憾的事呀!况且，鑫鑫已经习惯了和自己在一起，如果明天太阳出来后，鑫鑫睁开眼睛却不能像往常一样看到自己，她肯定以为自己出了什么事，不知道会多担心呢！当她找遍了房间却找不到自己的身影时，她会多么痛苦呀！

相处这么久，菲娅和鑫鑫的感情已经非常深厚，她怎么能忍心让鑫鑫因为不明不白地失去自己而痛苦呢！哪怕两个人

分别时都泪流满面，也要比这样不辞而别带来的痛苦更容易承受。

想到这儿，菲娅立即用脑电波给爸爸传回了信息："爸爸，我非常想念您。但是，我必须和鑫鑫告别之后，才能回到您身边。爸爸，求求您了，只要再等上几个小时，她就会醒来！"

菲娅的爸爸很爽快地答应了菲娅的要求，但他要求菲娅，最迟也要在地球上明天的同一时间回来，因为那时，在金星上将要为菲娅的哥哥举行加冕仪式，菲娅的哥哥就要成为金星上新一代国王了！作为金星上的小公主，菲娅是绝对不可以缺席的。不过，这位慈爱的老国王很了解自己的女儿，对只有一面之缘的鑫鑫也很有好感，所以，他只是语重心长地叮嘱了菲娅几句，而没有强迫她。

菲娅的心里乱极了，短短的旅行，无意中的邂逅，改变了她对地球的看法，改变了她对地球人的偏见。不知不觉间，她已经把这儿当成了自己的家，把鑫鑫视为自己的姐妹！就要离开了，自己还没有帮鑫鑫实现她的梦想，还没有把爸爸教给自己的财商知识全都教给鑫鑫，她心里非常愧疚！

坐在床上，她看着鑫鑫安睡的面容，慢慢地静下心来，她明白，仅仅是伤心是没有任何作用的，现在的当务之急是想个办法，给鑫鑫更多的帮助，让她将来能生活得更好，更充实、更自信！

菲娅苦思冥想了一会儿，终于想出了个好办法。她蹑手蹑脚地下床，找出纸和笔，然后伏在小桌子上工工整整地写起来，她要把自己的财商知识，写成笔记留给鑫鑫，这样既能让鑫鑫多学一点儿，也算给她留下了一份纪念品，等以后鑫

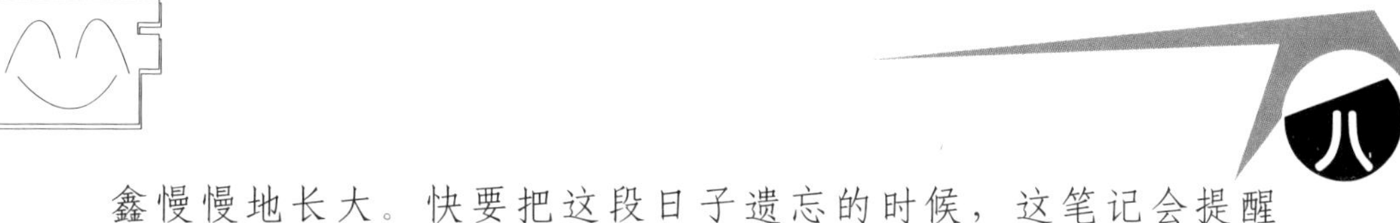

鑫慢慢地长大。快要把这段日子遗忘的时候，这笔记会提醒她，曾有一个来自宇宙的朋友和她结下深厚的友谊！

淡淡的金色光芒下，
伴着鑫鑫均匀的呼吸声，
菲娅用心地写着，写着……

二、临别笔记之一：

炒股并不适合所有想赚钱的人

亲爱的鑫鑫：

我就要离开了，虽然我对你是那么的不舍！在这将近一年的时间里，我每天早上陪着你上学，有时隐身陪着你上课，有时就偷偷飞出去看外面的世界。下午我陪你放学回家，晚上我陪你写作业，然后我们一起玩，一起记账。每天夜里你

睡觉的时候，我会在脑海里回放这一天的经历，进行反思。对于我来说，地球上的一切都是那么新鲜有趣。我仔细地观察着地球人的生活，感受着你真挚的友谊！鑫鑫，你和其他地球人的真诚和爱心已经改变了我从小就形成的偏见。地球人并不愚蠢！我爱你，鑫鑫！我喜欢地球！

然而，我的好鑫鑫，我的假期结束了，爸爸在召唤我，我必须回去！就在离开之前，我还有些话要告诉你：

鑫鑫，已经有很长一段时间了，你上课时我就飞到书店去读书。在那里我看到很多好书，其中包括一些培养财商的好书。然而，我却发现了这样一件怪事，很多培养孩子财商的书都告诉孩子要学会理财，学会炒股，学会投资基金。这让我很困惑，也很担心。因为从你以及生活在你周围的孩子身上，我根本没有看到适合炒股的基本素质。本来想有时间时再和你谈谈关于股票的话题，然而，现在只能通过这种方式和你交流了。

也许你还不知道什么是炒股，那是因为你从没有接触过。股票是一些大的企事业或公司为了给自己筹集发展资金而公开发行的一种证券，它有一定的票面价值。无论是谁，只要他看好一个公司的发展前景，愿意用自己的钱让它得到发展，他就可以买这个公司的股票，这样一来，他就成了这个公司的股东，可以参与这个公司的管理与经营；当你发觉这个公司的经营与发展与你的期望不符，你不看好他的未来时，就可以把股票卖出去。炒股的人通常被称为股民。炒股的过程就是在股票市场上，在一个相对比较低的价位买入你

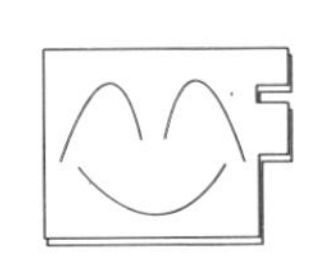

认为有价值的股票，并在它的价格上涨到你的目标价位后，以较高的价格卖出去，通过赚取差价来获得利润的一个过程。

鑫鑫，你可能会很惊讶于我为什么会知道这么多。因为在我的星球上，我已经是一个很不错的股票炒手了。我不仅懂得股票是一种高收益的投资工具，而且，我也明白炒股是一种高风险的投资行为。要想进入股市，通过买卖股票赚取差价来增加收益，就必须得具备以下几个条件:

1. 有足够的“闲”钱。

也许你不明白为什么我强调钱一定是“闲钱”，因为股票市场风云变幻，就像一场赌博，没有人能肯定地说:这只股票肯定能赚钱!如果你将建书店的钱“挪”用来炒股的话，万一不幸被“套”住，也就是赌输了，那么你的书店就成了海市蜃楼；再比如，为了实现梦想，你每个月都给自己存一笔钱，如果你一时头脑发热，将这笔钱取出来买了股票，如果赔了，那么你的梦想就破灭了。

有很多人只看到炒股赚钱，竟把自己辛辛苦苦攒的养老金或是医疗费拿来炒股，结果赔光后由于无法维持生活或是延误了病情而走上了绝路！所以，要想炒股，必须用“闲钱”。这就是意味着，即使失去这笔钱，也不能影响到你正常的生活，也不会给你的心理造成沉重的压力。唯有如此，你才能以良好的心态，轻松地做股市赢家！

2. 要有丰富的知识。

炒股是一门深奥的学问，不是只要有钱就能做成功的事。要想在股海中遨游，必须掌握丰富的股票知识，包括技术指标分析和基本面分析；还要懂得财务知识，比如懂得现金流、净资产、市净率，看懂财务报表，等等。地球上的股票走势通常是以红红绿绿的k线图和分析走势图来表示的，图中的每一个数字、每一条彩线、每一个K柱都是一种语言，无声地向你诉说着它所代表的意义。如果不懂得其中的含义，那就等于是股盲，千万不要踏进股市半步！

3. 要认识并学会规避风险。

“股市有风险，入市要慎重”，几乎所有的股民对这句话都耳熟能详。但大部分股民都只看到沉甸甸的钞票在不远处晃荡，却没有意识到破产的风险也随时在身边威胁着自己。没有认识到风险，自然就不会规避风险，就像一头站在悬崖上的驴子，一门心思地向前走，想吃到飘在眼前的胡萝卜，根本不知道自己随时都有性命之忧。所以，如果认识不到股市的风险，不懂得怎么去规避风险，就不要走入股市，没有人会同情贪婪而无知的蠢驴！

4. 有良好的身心状态。

在中国的股市中，流传着这样一句顺口溜:十个股民一个笑，两个叫，三个回家偷着哭，四个找地方去上吊。这句话也许流传了好多年，已经很古老了，但从中你就能体会到股市中人的感受。股市就像一个巨大的金字塔，能稳居于塔尖的赢家只能是极少数人，更多的人不仅赚不到钱，甚至会赔得心浮气躁。有些心态不够好的股民还会一时想不开，赔上了性命。

为什么有些本想到股市捞一把的人却赔了钱还搭了命？究其原因，是他的心态不好，他也许知道股市有风险，却抱着侥幸心理去投机，在自己根本没有承担风险的能力，没有做好输的准备的情况下，被贪婪的欲望诱使着仓促地进入股市。对于这种人而言，赚到了钱自然会兴奋得忘乎所以，而一旦赔了钱就会悲观绝望，甚至会因一时偏激而作出傻事！所以，如果没有健康的身体，没有良好的心态，就不要投资股票！

5. 要有适合投资的大环境。

即使你有了足够的“闲钱”，做好了知识储备，身体健康，心态良好，同时又有较强的抗风险能力，但是，如果当时的国情、政策不稳定，或是股市发展得不够成熟，你也不要轻易入市。举个例子说吧，妈妈为你做好了饭，饭菜非常丰盛，种种餐具也都摆好了，但你就是不饿，因此所有这些准备都失去了意义！经我观察，地球上的股市有牛市、熊市和猴市之分，牛市基本上意味着股价升多降少，是投资的绝好时机；而熊市的股价则是一跌再跌，熊市炒股，赚的机会小到微乎其微；而猴市的行情上蹿下跳，很难把握。所以，只有在大环境适合的情况下炒股，结果才不会与你赚钱这一初衷南辕北辙。

说了这么多，我仅仅是要提醒你，不要轻信那些书上的理

论，那些书上写一些其他国家的小孩子从五岁或七岁就开始炒股，十几岁就已经成了大富翁……而我想告诉你的是:鑫鑫，国家与国家不同，具体的政治经济形势也不尽相同，他们的股市已发展得成熟而完善，那些国家的孩子也许从小就接触了相关的教育，就像我们金星的孩子一样，他们七岁时所掌握的知识或许你要到17岁甚至27岁才能有机会获得。当然，这不是说你笨，而是因为国情、文化、民俗、教育理念等等多方面的差异造成的。所以，千万不要东施效颦，在没有做好充分的准备之前，千万不要随便走入股票市场，炒股并不适合所有想赚钱的人！你可以有你自己的投资方式，我前些天看的一本书上提到一个名词叫“赢配方”，就是设计适合自己的人生成功方案。那么，我可爱的鑫鑫，我们可以设计我们独特的赢配方，只要能让你智商、情商、财商一起得到发展，让你生活得快乐舒适，那么你的人生就是成功的。

设计适合自己的赢配方

亲爱的鑫鑫:

你已经知道了什么是赢配方，我相信你对投资和风险都有了一定的了解。所以，你一定很想知道我给你设计了什么样的赢配方吧？是的，我已经粗略地为你做了一个规划。在实施这个规划的过程中，你要始终做到一件事，那就是保证学

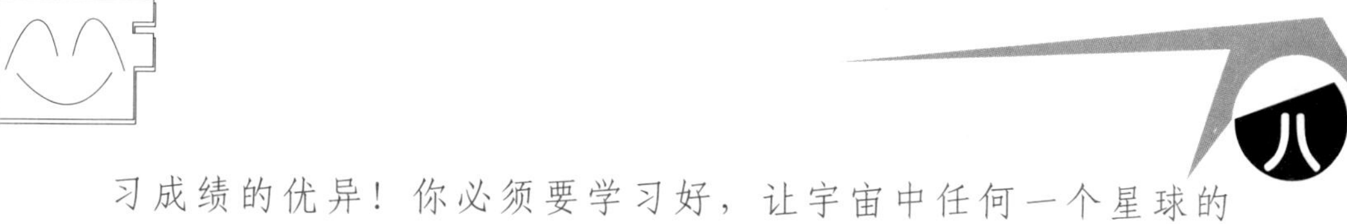

习成绩的优异！你必须要学习好，让宇宙中任何一个星球的人都不能小看你。只有优生到了这一点，你才能让自己轻松地控制贪欲，洞察潜在的危机，规避即将出现的风险，愉快地创造财富，享受生活。

第一阶段：从现在直到你15岁。

从我离开你到你15岁这段时间里，你最好的投资手段就是租书、卖书，在适当时候可以卖些学习上能用到的其他东西和一些小礼品，还可卖些同学们喜欢的CD等。虽然你已经得到了同学们的认可，但必须稳步发展，不要好高骛远！

因为你目前的最主要的任务是学习，而不是赚钱，所以你不要因为急着赚钱而定错了发展方向。另外，你毕竟年纪太小，即使你有资金可以发展，但假如你的智力水平和能力并没有得到同步提升，就必然会给你的发展带来阻碍，如果因此而造成失败，这种打击很有可能会使你失去再投资的勇气，那就适得其反了。

在这段时间里，你可以有意识地学习一些邮票知识。因为邮票除了具有寄信的邮资这一使用价值外，它还有一个非常重要的价值——投资价值。除了普通邮票外，纪念邮票和特种邮票都可以升值。我爸爸手中就有一枚地球上的邮票，叫做黑便士，据说是地球上发行的第一枚邮票，其票面价值仅仅是一便士，但现在它已经价值连城，是宇宙间的珍品！我这么说，你应该能明白我为什么要你学邮票知识了吧？你长大

后，可以把集邮当作一种爱好，也可以当成一种投资方式。

再者，买书的时候，如果你能有意识地挑选些装帧精美的名家名作，就可以逐渐增加一种投资——藏书。这可是陶冶情操、增长学识的好方法，而且还可以带来金钱，尤其是有名人签名的书，更是价值不菲！

另外，我的好鑫鑫，我们相识的最初，你曾给我吃过一枚硬币，让我了解了你的善良；后来，你到我的星球上，为我带回了一盒硬币，让我懂得了你对我的情谊。我的朋友，我要走了，我要把这盒硬币留给你。请你别拒绝。因为它不仅仅见证了我们超越宇宙时空的友谊，同时，它还具有特殊的价值。物以稀为贵，因为它在地球上是绝无仅有的，所以价值连城。而且，因为制成这些硬币的材质在宇宙中是金星所独有的，所以它们更是无价之宝。希望它能将你领入收藏钱币的宝库。在宇宙中，有很多人都喜欢收藏钱币，不仅收藏古时候的钱币，也收藏宇宙间各个星球上的国家中正在流通的各种钱币和纪念币。有人收藏是为了做传家之宝，但更多的人则是希望在它们升值的时候能为自己带来一笔财富。

我的鑫鑫，我要提醒你的是，无论哪种收藏。哪种投资，都有很多知识在里面，就像炒股一样，必须懂得市场，了解行情，并具有一定的鉴赏力！所以我希望你先循序渐进地学习，用几年时间做知识储备，而不是急于操作。

第二阶段：15岁到高中毕业。

等你15岁以后，如果你感觉自己对邮票和钱币收藏已经有了足够的了解，那么你就可以尝试着集邮，但我不主张你在那个时候就开始收藏钱币，因为即使十五岁，你的年纪也还是太小，社会经验与

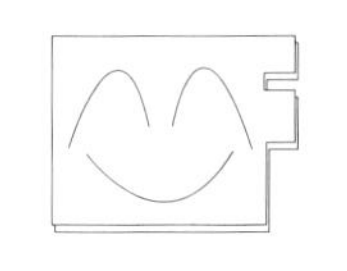

阅历的缺乏都会使鉴赏力受到极大的限制，所以你可以接触钱币，但不要操作。

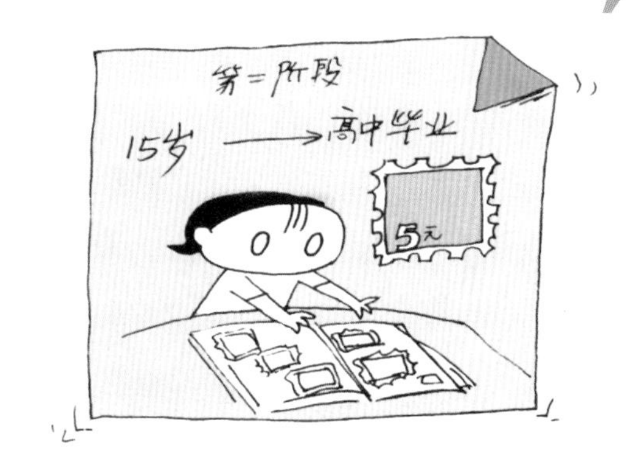

从15岁到高中毕业这个阶段，你必须系统地学习股票知识。可以读读地球股王巴菲特的传记，了解一下股市中人的行为和心态，为以后具体操作做准备。

第三阶段：升入大学到大学毕业。

当你进入大学，拥有丰富的知识、开阔的视野和成熟的思想后，你就可以尝试着进入股市投资了，但不能把全部精力都放在这上面。你要边学习边开始寻找最适合你的人生基点，为自己拓开一块发展空间。我不希望见到大学毕业后的你，疲惫地在一家招聘台与另一家招聘台之间奔波，精疲力竭地证明自己将会是个好员工。不，鑫鑫，我要你坐在招聘台的另一面，让那些优秀的人来为你工作！所以在读大学的时候，你就要有目的地选择自己的专业，考察你感兴趣的行业，然后以一个创业者而非求职者的姿态走进这个行业！当然，你可以选择继续深造，但同样不能没有自己的职业规划，必须得确定自己的人生目标，然后为之努力！

鑫鑫，我只为你设计到读大学。当你走出大学后，我相信你已经规划好了自己的未来。你应该已经懂得怎样做才能实现你的愿望，不要忘记，你要去英国，要开一家世界上最好的幼儿园！也许在你长大的过程中，你的愿望会有所调整。但要记住:愿望可以调整，但成长的方式和实现愿望的信心不能稍减！

知道我为什么会给你设计出这样的规划吗？实话告诉你吧，鑫鑫，这份规划是我把爸爸为我设计的规划的一部分原样照搬给你的，只不过执行时间不一致而已。我希望你能有一个美好的将来，就像我的将来一样，我会在遥远的金星祝福你、关注你，爱你！

四、菲娅和鑫鑫洒泪而别

清晨的第一缕晨曦悄悄地从窗帘缝儿溜进了鑫鑫的小屋，无声地吻着鑫鑫熟睡的小脸儿。鑫鑫也许正做着美梦，轻轻发出了一声梦呓。

菲娅停下笔，转头看着她，目光停留在小伙伴的脸上，久久不愿意移开。正看着，鑫鑫轻轻地翻了个身，将脸扭到另一面阳光投射不到的暗影里，继续做着香甜的美梦。

菲娅轻轻地叹了口气，伸手召回了飞船，淡黄色的光团也随之不见了，屋里顿时暗了许多。突然的光线变化让处于浅睡状态的鑫鑫仿佛受了惊，她的眼皮轻轻地跳了几下，随后下意识地伸手去搂菲娅……

看到这儿，菲娅刚刚止住的眼泪又忍不住流了下来。她站

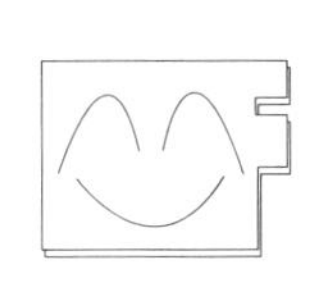

起身，想快步回到床上。没想到鑫鑫伸手搂空后一下子清醒过来，她睁开眼睛，用胳膊肘支着上身，抬头寻找着菲娅。当她发现菲娅站在小桌前时，感觉很奇怪，正想说："你怎么起那么早……"可话还没出口，她就发现了菲娅脸上的泪水。"你这是怎么了？"她猛然一翻身坐起来，急切地跳下床，三步两步来到了菲娅的身边，一把搂住了菲娅的肩膀……

菲娅抽噎着说出了事情的原委，鑫鑫怔住了，随后一对姐妹花相拥大哭。她们都知道，这一别，再见已是遥遥无期。鑫鑫无论如何也不肯让菲娅走，更是一刻都不肯放开她，唯恐她突然从自己眼前消失！她甚至把小桌子上的扑满储蓄罐都放在身边，怕菲娅化身为小扑满，突然不见了。

了解了两个孩子痛哭的原因后，鑫鑫的妈妈也非常难过，她流着泪挽留菲娅。有菲娅这样一位良师益友，鑫鑫变得越来越懂事，不仅生活上不用她操心，而且还成了她的小帮手，帮她做家务，招待客人，甚至帮她管家。每周，鑫鑫和菲娅都会和她郑重其事地商量家里的大事小情，常常能在家庭理财方面给她提出非常中肯的建议呢！她这个做妈妈的，看着孩子在一天天长大，心里哪能不高兴呢？因而，她心里对菲娅充满了感激。更重要的是，这段时间以来，她已经把菲娅当成了自己的亲女儿，疼爱菲娅就像疼爱鑫鑫一样，可是菲娅突然说要走了，她心里一下子感觉空落落的。

这一天，鑫鑫没有去学校，她生平第一次旷课了。此时，她心里只有菲娅，其他的什么都不在意了。妈妈看两个孩子如此伤心，担心会出事，也没有去上班，她们只顾伤心，谁都没有想起来要给鑫鑫请假，家里的一切都被这突如其来的

事情搅乱了……

不知道是什么时候，外面传来了敲门声。妈妈打开了房门，是鑫鑫的同学们，原来学校已经放学了。同学们叽叽喳喳地询问鑫鑫为什么没有去上课。鑫鑫一见到同学们，立即委屈得放声大哭，妈妈难过地把菲娅要回金星的事简单地说了一遍。

“原来菲娅真的是金星人呀！”同学们都惊得目瞪口呆，他们纷纷拉住菲娅的手，你一句我一句地请求菲娅留下来。面对同学们的盛情，菲娅的泪水更止不住了。离别的时刻终于到了!这天晚上，同学们几乎都没有回家，他们忘记了时间，都围在菲娅的身边，抽抽噎噎地挽留着。忽然，小屋里亮起了一团淡淡的蓝色光，光团不断变大，进而将整个小屋都照得清澈如碧海。屋里所有的人都惊讶得停止了说话，也下意识地停下了动作，只是静静地看着……

忽然，鑫鑫惊叫起来:“雷欧！”

果然，真是雷欧，他就站在蓝色光团之中！雷欧已经长成一个英俊的小伙子，怀中还抱着一只小恐龙。只见他轻轻地一抬手，那朵云悄悄地浓缩、变小，凝为一块发出幽幽蓝光的硬币，落在他的掌心里。原来，这光团就是雷欧脚下的云，现在，雷欧已经可以驾驭海云币了——金星上最高级别的云，怪不得要为他举行加冕仪式。

菲娅又惊又喜地喊了声“哥哥”，就起身向雷欧跑去，还

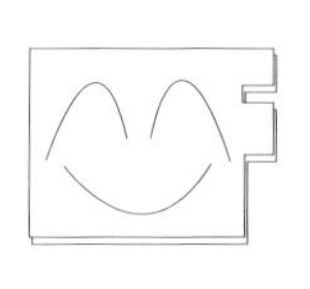

没跑上一步，她又停下了，回身看着鑫鑫，鑫鑫脸上的泪痕还没干，泪水又从眼眶中奔涌而出，她猛地抱住菲娅，放声大哭起来，那些同学们此时才反应过来，他们立即警觉地将鑫鑫和菲娅围在中间，唯恐雷欧将菲娅抢走。

然而，雷欧并没有说话，他只是静静地站在那儿看着，小恐龙在他怀里睁着惊惧的大眼睛，不安地蜷缩着，可能是不太习惯地球的环境吧。

过了一会儿，鑫鑫止住了哭声，她嗓音嘶哑地说："好菲娅，你走吧……你的哥哥在等你，你的爸爸也在等你！只是……你别忘了我……"话没说完，她就哽噎起来。

菲娅把鑫鑫搂得更紧了，她哭得像个泪人似的，哽噎着说："我会想你的，你别忘了你的梦想，别忘了我们在一起说过的话，我走了……"随后，她扑进了妈妈的怀里，用力地吻着妈妈，什么也说不出来了。妈妈一边哭一边抚摸着她的头发，不住地说着："好孩子，我的好孩子……"鑫鑫马上又扑去，妈妈张开双臂，搂住了菲娅，也搂住了鑫鑫！

同学们听到鑫鑫居然放菲娅走时，都十分惊讶，马上不约而同地将她们围得更紧了，根本不给菲娅留出口。他们的眼睛死死地盯着雷欧，那神态仿佛只要雷欧敢动，他们就会扑上去将他打回金星！然而，令他们意想不到的事情发生了。听到菲娅说要离开后，雷欧的脚下又升起了那团蓝幽幽的云，他稳稳地站在云上，静静地等待着。忽然，那团云升腾起来，无声地向上移着，淡淡的蓝光使每个人都感觉自己仿佛正站在碧蓝的天空中。随后，云团消失了，蓝光也消失了。很久，屋里人才回过神来，鑫鑫用力挣出妈妈的胳膊，一把拨开同学们，扑到床上大哭起来，大家这才发现，被他

们围在当中的菲娅不知什么时候已经不见了……

几天后，鑫鑫的小图书馆又正常开放了，同学们又开始到她的小屋来读书了，就像是事先约好了一样，没有人提起菲娅，但大家都自觉地爱护图书，借书、还书时都自觉地登记，把书保管得非常好，就像菲娅在这儿管理图书时一样。

鑫鑫已经把菲娅留给她的临别笔记看了很多遍，几乎能背下来了。她开始有意识地学习菲娅提到的知识，为将来实现自己的梦想，学会管理钱财、管理自己的人生做着知识储备。

每天晚上睡觉前，鑫鑫都会下意识地看看床头小桌上的小猪储蓄罐，她多么希望这只小猪能对着她眨眨漂亮的蓝眼睛，然后调皮地笑看着地上打个滚，变成菲娅的样子啊！然而，小猪总是安静地守在那呢，安静得就像它旁边那个装满硬币的玻璃盒子。有时，进入梦乡后，鑫鑫依稀会听到熟悉的呼唤声，让她在睡梦中泪流满面地醒来，她知道，那是来自遥远的宇宙的问候，那是她最好的朋友菲娅在思念她。

时间一天天地过去，鑫鑫一天天长大，她在为自己的梦想努力，她知道，这梦想一定会实现！